U0163254

时尚与科技

材料与应用入门指导

[美] 安妮塔·热那亚　[美] 凯瑟琳·森胁　著

于晓坤　刘咏梅　译

東華大學出版社

·上海·

图书在版编目（C I P）数据

时尚与科技 / (美) 安妮塔 · 热那亚, (美) 凯瑟琳 · 森肋著 ; 于晓坤, 刘咏梅译.
— 上海 : 东华大学出版社, 2023.1
ISBN 978-7-5669-2158-1

Ⅰ. ①时… Ⅱ. ①安… ②凯… ③于… ④刘… Ⅲ. ①科学技术－应用－设计－研究 Ⅳ. ①TB21

中国版本图书馆CIP数据核字(2022)第236888号

Fashion and Technology: A Guide to Materials and Applications
by Aneta Genova and Katherine Moriwaki

合同登记号：09-2016-252

策划编辑：徐建红 谢 未
责任编辑：徐建红 刘 宇
书籍设计：东华时尚

出　　版：东华大学出版社（地址：上海市延安西路1882号 邮编：200051）
本社网址：dhupress.dhu.edu.cn
天猫旗舰店：http://dhdx.tmall.com
销售中心：021-62193056 62373056 62379558
印　　刷：上海盛通时代印刷有限公司
开　　本：889mm × 1194mm 1/16
印　　张：9.5
字　　数：330千字
版　　次：2023年1月第1版
印　　次：2023年1月第1次
书　　号：ISBN 978-7-5669-2158-1
定　　价：96.00元

本书如有印刷、装订等质量问题，请与出版社营销中心联系调换，电话：021-62373056

前 言

1801 年，约瑟夫 · 玛丽 · 雅卡尔（Joseph Marie Jacquard）首次操作并展示了提花织布机。该机器由多块纹板控制，每块纹板代表一行纬纱，从而简化了织锦、锦缎、麦特拉斯提花布等织物的织造过程。这台机器是计算机处理技术的灵感来源之一，早期计算机处理技术就是借助于纹板原理进行“编程”来控制计算机执行一系列操作的。计算机技术与时尚界的渊源如此之深，这一点与本书的观点不谋而合。

本书详细地阐述了时尚与计算机技术的奇妙联系。尽管时尚和技术交汇已久，但计算机技术的最新进展推动了新方法、新工具和新手段在时尚设计中的应用。时尚界之外的实践者们利用新兴技术进行服装和饰品的创新设计，与此同时，时尚业也紧跟科技发展的步伐。然而从教学的角度来看，特别是针对时尚设计学生而言，与本书相似的著作实不多见。

我们正在建立一个将电子与编码连接起来的框架，在这个框架中，实物受到应急能力的羁绊，而这些应急能力必须依赖计算机技术而获得。计算机已成为现代生活中无法分割的部分，某些“计算机交互作用”对生活的影响从未如此之深。我们并不质疑人机交互就像新颖时髦的小物件一样存在于我们的生活中，正如理论家温迪 · 楚（Wendy Chun）所言，这些已成为我们的生活习惯。显然，也有其他一些科技动态影响着时尚业（例如目前的生物工程设计以及利用生物有机体来产生和培育新材料），但是融合电子技术、数码构件和编码的计算机设计过程开创了新的设计空间，并很快成为主流设计实践的一部分。我们是在这种情境下展开讨论的，科技并不是遥不可及的概念，而是设计师能够借鉴的切实可行的技术和方法。

本书的目的是为读者介绍这个跨学科的实践新领域，探索这个快速扩张的设计空间——包括创新和适用性。我们的主要读者是时装设计专业的大学生，但对那些好奇如何将科技应用于时尚的读者来说，本书也不失为一本可以猎奇的好书。由于所有主题都处在动态变化中，因此很难一一捕捉最新的发展动态。本书并不打算枚举当前的每一种材料、每一项技术和每一个工具，相反，本书旨在辨明广义类别和总体趋势，从而引领读者探索新方法和新途径进行设计实践。能够为读者呈现此书我们亦倍感激动，并期待在这个瞬息万变、飞速发展的新兴设计领域涌现出振奋人心的新作。

内容组织

本书分为 6 章：第 1 章概述了时尚与计算机技术的交集，旨在理解不同的实践领域如何引领现代生活，后续分别介绍了技术领域的几个方面；第 2 章主要讲基本电子学；第 3 章主要介绍反应材料；第 4 章介绍了 DIY 电子元件等已较为普及的可穿戴技术和时尚；第 5 章介绍了数字化制造；第 6 章概述了编程技术。

本书特点

本书旨在支持愿意学习和掌握新方法的各类设计专业学生，他们希望熟悉各种可以考虑应用在工作中的计算机处理技术，无论是电子学、数字制造，还是编程。本书强调设计过程，并为读者指引可行的方向，但并非要把时尚设计师变成工程师或程序员，而是向读者介绍在这些领域中可能出现的设计机会，并介绍相关定义和词汇，分析当下适宜合作的实践内容，以及为个人学习提供简单实用的入门指导。随着时尚科技需求的变化，设计师应了解这个领域，并成为具有远见的领导者和知悉信息的合作者。

本书的每个章节都包含了支持这些目标的学习特点：

- **案例分析**介绍了与每章内容相关的项目，堪称代表各章主题的典范作品。每个案例都取材于该领域当代设计师的作品。
- **访谈**呈现了作者与活跃在时尚与技术交叉领域的设计师的对话。被访者的职业生涯和学习背景各不相同，这些对话向读者展示了被访者对各自领域及其设计过程的真知灼见。
- **教程**为如何应用本书提及的技术和方法概括出可亲身实践的、分步骤的操作说明。这些内容可供初学者进行学习和实践设计。

致　谢

感谢帕森斯设计学院（Parsons School of Design）和新学院大学（The New School University）为我们提供了如此激发灵感的工作场所，很荣幸与来自时尚学院，艺术、媒体与技术学院以及技术项目的优秀同行和艺术硕士一起共事。在此谨向斯文·特拉维斯（Sven Travis）深表感谢，多年来他一直慷慨支持我们的合作项目并提供各种便利。感谢艺术、媒体与技术学院院长安妮·盖恩斯（Anne Gaines）给予我们写作和教学方面的大力支持。衷心感谢菲奥娜·迪芬巴赫（Fiona Dieffenbacher）和弗朗西斯卡·桑马里塔诺（Francesca Sammaritano）在本书计划写作阶段及之后写作过程中提供的反馈意见。我们非常感谢 BFA Fashion 的总监菲奥娜给予的持续支持。当然，我们也深深感激这些年和我们一起工作过的很多学生，感激他们带来的能量、热情和灵感。

感谢所有为本书做出贡献的人和企业（以英文人名姓氏和公司名字母顺序排列）：

加布里埃尔·阿斯福尔（Gabriel Asfour）
乔安娜·波哲斯卡（Joanna Berzowska）
凯瑟琳娜·布雷迪思（Katharina Bredies）
奥托·冯·布希（Otto Von Busch）
伊利斯·科（Elise Co）
艾梅·凯斯滕伯格（Aimee Kestenberg）
瓦莱丽·拉蒙塔涅（Valerie Lamontagne）
莉娅（Lia）
杰伊·帕迪亚（Jay Padia）
汉娜·佩尔纳－威尔逊（Hannah Perner-Wilson）
凯特·瑞斯（Cait Reas）
卡西·瑞斯（Casey Reas）
布拉德利·罗滕伯格（Bradley Rothenberg）
杰瑞米·罗兹坦（Jeremy Rotsztain）
佐藤美香（Mika Satomi）
劳拉·西格尔（Laura Siegel）

贝基·斯特恩（Becky Stern）

莱西亚·楚拜特（Lesia Trubat）

塔尼亚·乌索马祖尔（Tania Ursomarzo）

雷恩博·温特斯（Rainbow Winters）

阿德弗里特工业公司（Adafruit Industries）

贝尔导电公司（Bare Conductive）

DIFFUS 设计工作室

福斯特·罗纳集团（Forster Rohner）

因特尔与开幕仪式品牌的合作项目（Intel + Opening Ceremony）

国际时尚机器公司（International Fashion Machines，电子纺织品领域创新者）

Invent-Abling 网站（www.invent-abling.com）

神经系统设计工作室（Nervous System，www.n-e-r-v-o-u-s.com）

Processing 官方网站（www.processing.org）

The Unseen 工作室（www. seetheunseen.co.uk）

还要感谢凯尔·李（Kyle Li）协助完成 3D 打印，感谢他的热情和奉献。特别感谢我们的摄影师和研究助理斯蒂芬妮·麦克尼尔（Stephanie McNiel），对细节的专注以及她那双不可思议的眼睛，用完美的摄影角度出色完成了本书中的原创照片。

感谢以下评阅人在本书规划和写作阶段给予的帮助：肯特州立大学的玛格丽塔·贝尼特斯（Margarita Benitez），曼彻斯特城市大学的克莱尔·库里尼（Clare Culliney），利兹大学的伊莱恩·埃文斯（Elaine Evans），玛丽斯特学院的梅丽莎·哈沃森（Melissa Halvorson），加利福尼亚大学戴维斯分校的海伦·古（Helen Koo），康奈尔大学的朴熙朱（Huiju Park），赫瑞-瓦特大学的孙丹梅（Danmei Sun），密歇根州立大学的特蕾莎·温格（Theresa Winge），以及内布拉斯加州立大学的温迪·韦斯（Wendy Weiss）。

最后，还要感谢我们的家人：致路易斯·卡夫雷尔（Luis Cabrer），致乔纳·布鲁克-科恩（Jonah Brucker-Cohen）、艾德里安·布鲁克-科恩（Adrian Brucker-Cohen）和艾弗里·布鲁克-科恩（Avery Brucker-Cohen），没有你们的无限耐心和支持，这一切都不可能实现。感谢我们的父母玛格丽塔·杰诺维（Margaritka Genovi）和约尔丹·杰诺维（Yordan Genovi），琳达·森胁（Linda Moriwaki）和义兴·森胁（Yoshioki Moriwaki），以及兄弟姐妹们——托莫·森胁（Tomo Moriwaki）、蒂凡妮·森胁·泰索罗（Tiffany Moriwaki Tesoro）、克里斯蒂娜·斯蒂芬妮（Cristina Stephany）和布莱恩·森胁（Brian Moriwaki）。

目 录

第 1 章

科技集成于时尚

“很难给时尚下一个确切的定义，因为从整个历史来审视，时尚这个词有着不同的内涵。时尚的内容和意义也随着适应社会习俗和不同社会结构下人们的穿衣习惯而不断变化着。”

——川村由仁夜（Yuniya Kawamura）

读完本章读者能够了解：

- 材料创新在时尚产业中的长期作用
- 科技对设计、生产和分销过程的影响
- 可穿戴设备：科技和人体的关系
- 可穿戴计算机及其历史和利益相关者
- 计算机和电子时尚的发展
- DIY和创客运动及其与时尚的关系

科技一直影响着时尚设计产业。从材料到新生产工艺，新兴技术的进步推动了设计师对服装美学、服装风格及功能的理解。时尚作为一个学科，一直与技术不可分割。随着每一项新技术的诞生和发展，在材料、生产和分销等产业各环节都出现了颠覆性、根本性的变化以及技术的不断创新。

身处这样一个令人兴奋的时代，新兴技术、计算机电子设计以及数码制造等为设计师们创造了新机遇。通过了解时尚与技术相融合的一些实践方法，设计师能够更深刻地理解计算机、电子和数码制造技术与之前的技术相比有哪些异同（图1.1）。

图1.1　来自threeASFOUR品牌的激光雕刻皮革裙装细节

材料

材料的创新一直在改变着时尚。从历史上看，材料的种种变化预示着新的审美互动。从棉、丝、毛到生物工程加工皮革，材料具有“功能可视性”（affordance）特征，能让设计师感知其可能的美学价值。随着可用材料的变化，设计师们也做出了相应的调整。

工业革命的到来见证了纱线实现机械化生产，乃至最终所有织物实现机械化生产。这一切起始于詹姆斯·哈格里夫斯（James Hargreaves）在1764年发明的詹妮纺纱机（Spinning Jenny）。詹妮纺纱机与只有一个纺锤的传统纺车不同，一个工人最多可以同时操作8锭纱线（图1.2）。

产量的增长引领了随后自动化织布机的发明，自动织布机生产的面料数量比传统手工织布更高，最终约瑟夫·玛丽·雅卡尔（Joseph Marie Jacquard）于1801年发明了提花织布机，这台机器可以生产织锦、花缎和麦特拉斯提花布等带有复杂图案的面料。提花织布机是由纹板控制图案设计的，这是计算机处理技术先驱者的灵感来源，是早期计算机的一种“编程”方式，或提供指令集的手段。

工业时代的科技助燃了大规模生产面料的需求，大大增加了中低阶层服装的供给和选择，同时又为精英阶层提供了更多新奇的面料和服装。纺织品生产方式的变革使面料更容易获得也更加便宜，这意味着时尚可以多样化，进而开发出新的市场，也为设计师们创造了新的机遇。

图1.2　纺织女工操作詹妮纺纱机的场景，绘于1880年。詹姆斯·哈格里夫斯发明的机器最初由单轮控制8个纺锤，后来的机器控制的纺锤数量提高到了80个

1935年，华莱士·卡罗瑟斯（Wallace Carothers）发明了尼龙（Nylon），这是在杜邦实验站（DuPont Experimental Station）应用其研究设备发明的首个合成纤维。这个发明引领了20世纪40年代女袜产业的崛起，即众所周知的“尼龙长袜”。在随后的几年中，合成纤维也引进了一些新技术以改善其服用性能。1951年，涤纶（Polyester）诞生，俗称为“的确良”（Dacron），这是用量第二大的纤维，仅次于棉花。在现代服装中涤纶应用依旧非常广泛，20世纪70年代在迪斯科舞厅风靡一时的涤纶套装仍然让人记忆犹新（图1.3）。

发明于1959年的莱卡（Lycra）面料，也称为弹性面料（spandex或elastane），振兴了针织品和内衣市场。莱卡面料避免了尼龙面料易下垂和易起球的问题，可以制作贴身衣物，能随着身体移动而毫无束缚感。20世纪80年代，随着有氧运动的普及，莱卡开始用于制作运动服或是作为辅助材料添加到面料中。如今莱卡已成为普通服装和时尚款式的常用材料，通常与天然纤维混纺，是日常服装中必不可少的一部分。

Gore-Tex是合成纤维中以其性能影响时尚的另一个例子。于1969年问世的Gore-Tex是一种防水透气的薄膜，常用于户外功能服装，在工业和医疗领域也有着广泛的应用。作为技术纺织品，Gore-Tex不仅能拒水，还可以使穿着者的汗液和多余的热量由内向外散发，这一技术彻底改变了户外运动服装的性能。

技术纺织品的创新不仅源于时尚业的需求，还受到制造业、航空业、健康和安全等工业应用的驱动。很多先进技术起初是为了工业应用，却在时尚业发现了意外的适用性。例如，许多传导面料起初用于电子屏蔽，后来又被制造成为可嵌入衣服的软电路。

图1.3　20世纪70年代晚期，瑞典乐队ABBA经常穿弹力紧身服表演

如今，很多公司都在试验开发具有抗菌、防污和热调节功能的材料，这些技术成果已经成为时尚界处理材料的传统方式，大量先进技术已经被整合到设计师的产品线中。虽然计算机和材料技术尚未在市场上大规模应用，但由材料发明的历史可知，鉴于其他技术在过去快速发展的先例，计算机和材料技术也会有相似的发展过程。

生产过程

新的设计方法能够创新时尚形式。从绘制设计稿到打版、面料开发，多媒体软件和各种技术的应用冲击着服装制造的整个过程。如果有新的工具改变了服装设计的过程，往往传统的生产方法也必须随之改变。美国设计师一直在奋力应对降低生产成本的需求和美国劳动力不断向外输出的问题。与此同时，客户对定制产品的需求与日俱增，对缩短生产周期的呼声越来越高。因此，通过软件的优化和各种硬件技术的改良，设计、生产、制造等每个环节都在发生着大规模的变化。为了缩短生产周期，加快产品从T台到进店上市的步伐，各个阶段对技术的依赖程度日益增加。

过去在生产领域的技术创新对服装设计产生了革命性的影响。例如，缝纫机的发明让服装行业成长为大规模制造工业。尽管对于到底是谁发明了缝纫机仍存有争议，但从结果来看，与纯手工相比，使用缝纫机缝制服装所需的时间锐减，对社会各阶层而言，越来越多的人可以买得到并买得起各式服装。工业时代的技术进步构建了大规模市场，同时也将设计过程细分化，从面向精英阶层的高级定制到面向大众的成衣生产，应有尽有。

现代缝纫加工模式的发明，是工业时代又一个技术颠覆的例子，它为家庭提供了各种号型的时尚款式。这在当时是一项重大的技术革新，使得最流行的时装得以复制和传播。

当代数字技术已经在设计过程中留下了印记。Adobe Photoshop和Illustrator等通用图形处理软件被各个领域的设计师广泛应用，在时尚界也已经使用了相当长的一段时间。软件应用程序已经成为创造性表达和快速成型设计的集成工具。数码印花技术已经广泛应用于时尚产业，避免了纺织品图案印花的开模成本和面料批量定制的最小起定量问题，特别受样衣开发阶段或高端市场的青睐。自20世纪90年代以来，二维和三维计算机辅助设计服装软件开始应用于设计加工过程，随着计算机辅助设计技术的发展，可以在软件中模拟服装的合体性和悬垂效果。三维人体扫描为人体建模提供了更为精确的解决方案，在某些情况下可以大规模定制。数字制造的发展是这一趋势的延续，使得通过代码计算生成模型成为一种新可能。

分销

随着科技的发展，服装的分销和消费也在发生着重大变化。社交媒体网站、时尚博客、在线销售以及时尚形象的扩散，这些创造了不间断消费的环境，如果不是商品本身，那必然是各种图像构成了时尚的世界。直接分销给消费者以及按需定制开启了很多小的市场，也因此造就了一批供应商，而在之前这些供应商的产品格调可能并未被市场接受。鉴于服装消费的手段多样化，设计师们也可以通过这些渠道来传播自己的产品形象，以适应不断变化的销售环境。

过去，服装分销的主要方法之一就是如前文所提及的，根据缝纫纸样在家用缝纫机自己制作，这种方式最终已被大规模生产、通过百货店和服装连锁店进行销售所取代。计算机技术有潜力利用网络社会的大众传播渠道实现全球分销与大规模定制的奇妙组合。与数字制造合作的设计师和时尚公司正在以全新的、令人兴奋的方式探索这一领域。

身体上的技术

技术和身体总是被紧密地联系在一起。通过给人体安装或穿戴设备来放大和延伸人类的能力，可以追溯到人类历史之初。服装，不管是为了保护身体和穿着舒适，还是个人装饰和彰显身份，其最重要的功能是传达和塑造个人形象。最近，技术和身体的结合集中在计算机和电子技术的应用上。

该领域被宽泛地称为可穿戴设备，如今已发展到包括科技设备（例如智能手表和头盔式显示器等）、计算和电子时尚（如CuteCircuit的服装作品）领域,还包括纺织技术的材料科学探索（参见福斯特·罗纳集团的纺织材料创新技术）。“可穿戴技术”这个术语如此宽泛，说明创新正在快速发展，对学科边界的探讨仍在进行。

在时尚与科技领域，可穿戴设备一直与时尚有着复杂的关系。对可穿戴计算机最主要的非议之一，就是其笨重的外形和早期产品采用者的机器人式的外观。“可穿戴式电脑机器人”博尔格斯的形象毫无时尚感，象征着计算机应用技术脱离了人类体验的情感和表达，也成为它获得公众广泛接受的主要障碍。

然而，随着其他技术的发展，来自多学科的从业者将技术人员的能力与设计相结合，催生出可穿戴设备的新形式，向历来为公众接受的可穿戴设备的外观和功能提出了挑战。因此，这个空间是高度混合的，有很多来自时尚、艺术、技术和工程交叉的不同来源的案例（图1.4）。

接下来的三个小节从历史、科技和社会学三个方面循序渐进地介绍了当下科技与时尚的交叉。如果当初没有发明功能性可穿戴计算机设备的大胆尝试和成功案例，就不会涌现出当今的科技和概念创新产品。

图1.4　创新纺织材料制造商福斯特·罗纳集团开发生产的科技纺织品，一种结合现代装饰工艺和电子元件的具有高度复杂功能的面料。罗纳集团应用其专利电子刺绣技术(e-broidery®)创造了独特的光效纺织材料，设计师们可用来设计新作并将其展示于各大时尚舞台

计算机和电子时尚挑战了人们对传统计算机的可承受性，提供了一种在美学上更符合时尚的选择。在DIY和创客社区的帮助下，业余爱好者级别的工具得到普及，激光切割、3D打印技术获得支持，在服装中使用微控制器成为可能，更多的人得以将这些切实可行的工具应用于产品开发和设计中。

可穿戴计算机

在可穿戴计算机领域，布拉德利·罗兹（Bradley Rhodes）在他的网文《可穿戴计算机技术简史》（*A Brief History of Wearable Computing*）中是这样描述的：眼镜和手表经常被引用为可穿戴设备奠定基础的配件。虽然眼镜和手表并不能完全体现可以被视为身体集成技术的人类装备，但却代表了身体通过佩戴技术放大和扩展感官的一种方式。该领域中开创性的研究学者指出，认知和感知增强是可穿戴技术的主要优点之一。早期的可穿戴计算机经常被公众视为笨拙又突兀的装备。头盔式显示器、敲击式键盘和可笑的背包（用来装计算机），都是那些自称为“战将”的早期用户的探索实践。这些早期实践者大多是计算机科学专业出身，对他们而言，拥有一台触手可及的移动计算机的意义超过了其体积庞大以及外形一时不被社会接受的这些缺点。

多年以来，可穿戴计算机的外观尺寸大大减小了（图1.5）。正如计算机技术的总体发展趋势一样，由于处理器的尺寸更小、速度更快，内存容量、电池消耗的性能得到改善以及成本降低，可穿戴计算机的尺寸越来越接近常规配件的尺寸。现在很多公司不再像早期，如史蒂芬·曼恩（Steve Mann）在1998年可穿戴计算机国际会上的主题发言中阐述的那样试图推销整个可穿戴计算机，而是将计算机功能融入各种增强配件，使其能够被植入到戒指（初创公司的Ringly，如图1.6所示）、手镯（由因特尔和Opening Ceremony品牌联合发布的MICA，如图1.7所示）或眼镜（谷歌眼镜）中，并且实现集成式可穿戴计算机完成的各种任务。对于对这一领域感兴趣的设计师来说，科技产品的开发过程仍以科技公司为主导，但随着越来越多的时尚公司通过合作或努力参与其中，这种情况正在改变。

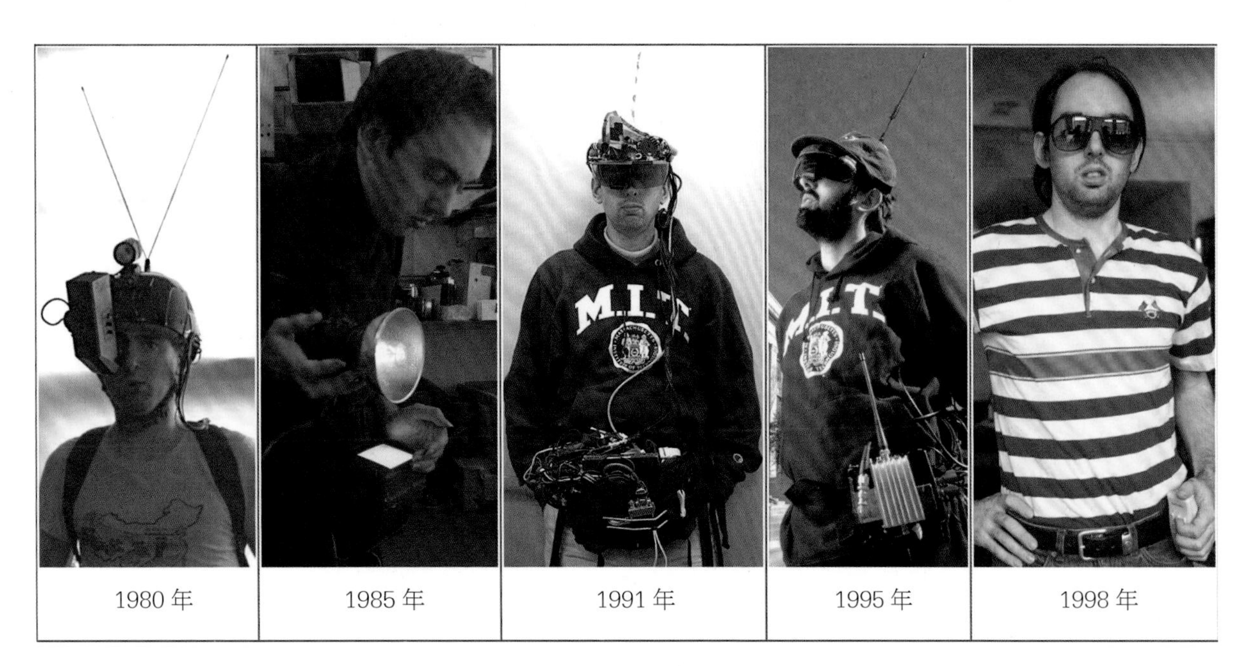

1980 年	1985 年	1991 年	1995 年	1998 年

图1.5　从1980年到1998年，史蒂芬·曼恩可穿戴计算机设备的尺寸逐渐减小，虽然算不上很时髦，但至少变得不那么突兀了

图1.6 初创公司的电子通知系统连接戒指Ringly可以让用户将手机置于一边并放松心情。Ringly能连接用户的手机，并通过振动和发光向用户发送定制通知

图1.7 由Opening Ceremony品牌设计、Intel®提供技术支持的智能手镯MICA可以让用户方便地查看消息、日历以及来自用户设置的VIP联系人的提醒。这款手镯采用18K镀金、弧形蓝宝石玻璃可触摸显示屏设计，被该公司描述为"具有通讯功能的女性时尚配饰"，并于2014年9月7日在美国纽约举行的Opening Ceremony 2015春夏时装发布会上正式亮相

计算机及电子时尚

20世纪90年代末，关于可穿戴技术的研究和产品出现了分歧，将工艺品的美学和体验推向前沿设计的高度。*IBM Systems*期刊上的一篇文章概述了由欧内斯特·雷米·波斯特（Ernest Rehmi Post）、玛吉·奥思（Maggie Orth）、彼特·R.鲁索（Peter R. Russo）和尼尔·格申菲尔德（Neil Gershenfeld）实现的"电子绣花"（e-broidery）（图1.8），文章提及计算机的早期愿景，即摆脱电子设备与硬箱子和坚硬线材相关的固有思维。在其描绘的作品中，电子元件直接附着在织物衬底上，传感器用导电线刺绣并缝在面料上，作品是柔软的、可弯曲的，在探索织物与服装的计算机一体化设计的可能性方面具有革命性意义。

同时活跃在这个领域的设计师们，开始受到早期交互设计的语言和模式影响，最著名的当属侯赛因·卡拉扬（Hussein Chalayan）和华特·范·贝伦东克（Walter Van Beirendonck）。卡拉扬设计的作品具有建筑和动感风格，表现在2000年的飞机裙（Airplane Dress）上，这款服装集成了机械和电子元件，经常被各学科领域的实践者们誉为极具想象的卓越作品（图1.9）。贝伦东克曾是已倒闭的星座实验室（Starlab）的i-Wear项目创作主管，他强调新技术的功能与美学设计应并存。来自各学科领域的专家们聚集到该设计领域中，他们当中很多并非来自传统的设计和时尚领域，却给最终的产品设计带来丰富的多样性，他们经常从交互设计的语言和软件开发入手，发布一些测试版本和程序样本。

这个领域的设计工作高度依赖于合作、多学科交叉和创造性生产，往往挑战或跨越创新的边界。无论是在飞利浦设计（Philips Design）的智能纤维组（Intelligent Fibres group）——该研究实验室曾与时尚公司合作开发导电织物和可穿戴电子元件，还是在麻省媒体实验室（MIT Media Lab）这样的研究所，又或者是独立创意设计师作品，计算机及电子时尚都指向了操作上的变化，即各种行为、服装的传统功能、穿衣行为本身等。计算机技术可被引喻为"第二层皮肤"，无论是比喻义还是字面上。

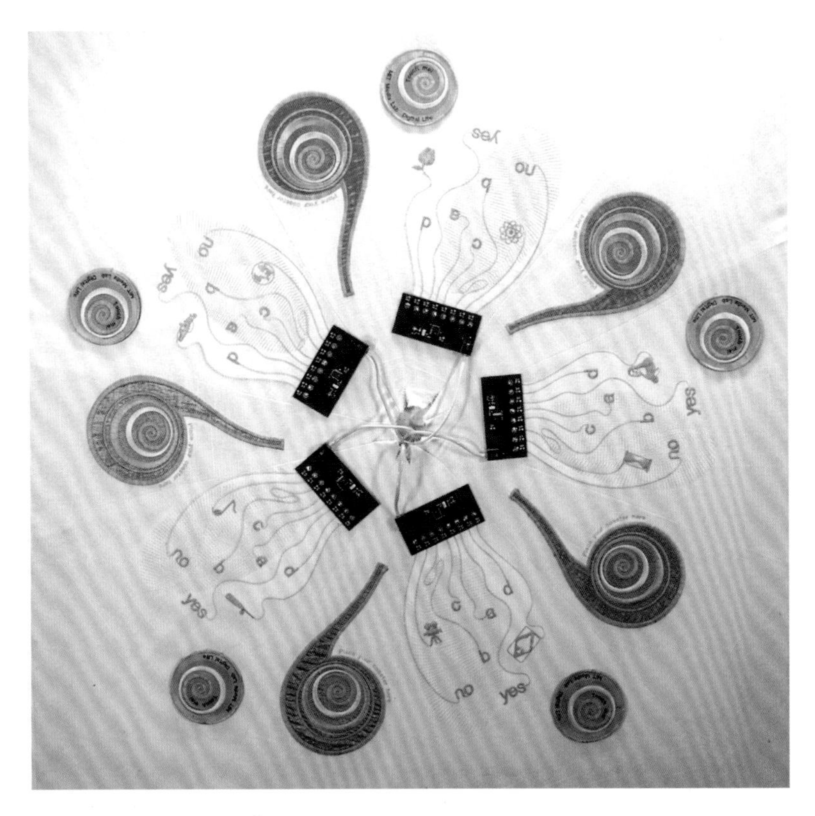

图1.8　这是e-broidery®的一个早期例子，约1997年，由国际时尚机器公司的玛吉·奥思提供

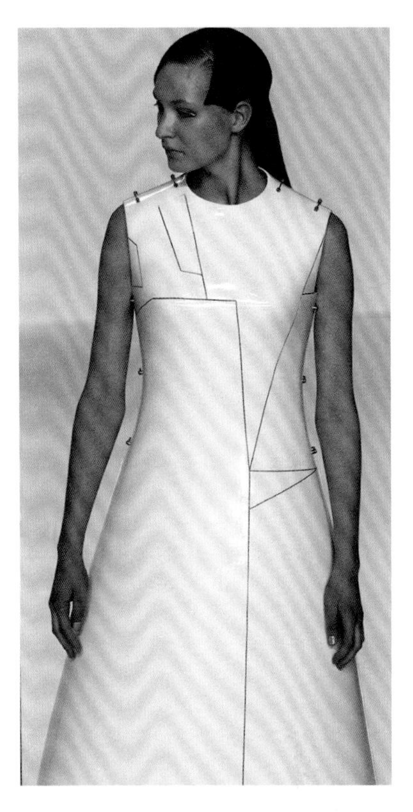

图1.9　侯赛因·卡拉扬的飞机裙，在21世纪初激励了一大批“电子人”追随实现计算机强化服装的设计梦想

DIY和创客运动

2005年1月发行了第一期*Make*杂志。从此，创客运动在文化主流意识中变得格外醒目。随着越来越多的人熟识制造技术并能承担其相应费用，创客运动引领了材料和产品加工回归小规模、一体化的生产方式。此外，业余爱好者级别的电子技术和编程平台的创建降低了准入门槛，使得构建计算机技术增强型电子产品更易于实现。

创客们证实了将传统工具和方法与新兴技术相结合能够衍生出混合工艺，这种混合工艺通常具有独特的审美敏感性。创客们以创造不同寻常的电子、数码产品和设备自娱自乐而闻名，至少最初是这样。随着时间的推移，从热衷于展示新奇作品发展为专注于小规模业务的企业模式，这些小型企业通常以某个小众市场为目标，而这个市场的客户无法通过更昂贵的工业流程获得服务。由此，创客运营的企业开始出现大规模竞争，并最终导致大众市场的全面改革。

创客行动：普及工具

创客运动对技术与时尚的关系产生了重大影响，促进了用于创建计算时尚的技术和工具的广泛应用。创客制造的一项重要原则就是公开个人的设计过程，通过“开放源代码”（open source）或“相同方式共享”（share-alike）分享信息。直到创客开始发布在线培训手册和材料清单，详细讲述如何与热门电子技术发展平台Arduino合作，或如何用导电线进行缝纫为止，许多关于如何设计交互服装的具体实践知识一直笼罩在神秘的光环之中，隐藏在一小部分创造者的作品背后，或者被大公司以知识产权的名义所掩盖。创客们解构了这些工具，明白了如何采购部件，通过分享知识为制作功能交互服装提供了模板。时至今日，创客社区仍然在这个领域中积极分享知识经验，其中最著名的是颇受欢迎的LilyPad Arduino的创始人利娅·布切利（Leah Buechley），以及创客运营公司阿德弗里特工业公司可穿戴电子产品总监贝基·斯特恩。来自创客社区的电子时尚作品如图1.10所示。

在这个领域中，文化生产的主要好处之一是增加了工具和技术的可访问性和可视性。尽管专业时尚社区可能不会在DIY和创客文化方面涉足太深，在某些情况下甚至可能会拒绝将家庭手工制作时尚产品与高级定制时尚相提并论，然而创客社区素有分享技能的深厚传统和丰富翔实的文件记录，能让设计师们从中受益，帮助他们学习和理解如何制作电子时尚产品和计算机服装。

创客社区极高的知名度以及其对制作电子服装的热情，大大推动了适用于设计师的现成工具和工具包的流行。数码制造技术和电子工具的成本降低和应用推广在一定程度上要归功于创客社区。举例来说，随着个性化需求和制造技术所有权在过去几年蓬勃发展，小型便携式3D打印机的成本大幅下降，现在对于个人来说也能负担在自己的设计工作室甚至是家里装备3D打印机了。

非常明显，创客社区公开分享个人的修改和设计过程方面的进展以及每个项目所应用的各种技术和工艺令人受益匪浅，服装设计师们可以了解在传统的服装课程或设计工作室中学习不到的技术。随着技术不断发展并植入到服装中，可穿戴设备成为时尚配饰的代名词，设计师们逐渐发现自己身处一个陌生的领域，需要学习与这种新的设计思维和流程相关的新技能。

图1.10　来自创客社区的电子时尚作品。感谢贝基·斯特恩和阿德弗里特工业公司提供图片

设计美学

随着高端时尚和科技社区开始融合，时尚在专业技能和知识方面有很大贡献。可穿戴设备的早期使用者往往在美学方面的认知很有限，大众普遍难以忍受公然将技术设备“穿”在身上。从事计算机时尚产品开发的跨界设计师引入了新材料，并重新思考将计算机这种坚硬的设备变成某种柔软的、有触觉的东西，不过这些早期的努力仍然区别于专业的时尚产业。

创客社区使制作交互式服装和配饰的工具和技术得到普及，提升了人们对技术和工具的兴趣和应用。一路走来，有远见的时装设计师看到了新兴技术带来的可能性，但他们所做的很多工作仍停留在概念和探索的范畴。然而，这种情况正在逐渐改变，设计师越来越有兴趣和愿望去探索技术、交互和可访问性的融合所创造的可能性。

尽管来自创客和DIY社区的设计师们已经制作了服装和配饰，但所谓的“流行”在很大程度上仍然由时尚界的从业人员负责把关。时尚不仅可被看作一系列的行为（例如：绘制时装设计图稿、立体裁剪、缝制衣服），而且还是一个社会学的建构。行业对时尚的定义并不包括所有从业人员，比如那些只会制作服装和配饰的人。

在多学科的团队中工作，我们看到越来越多的作品要用到数码制造工具，如3D打印机和激光切割机。艾里斯·范·赫本（Iris Van Herpen）等设计师展示了应用数码制造技术实现设计师想象力的可能性（图1.11），由耐克等运动企业开发设计的计算机控制健身服装正引领公众接受把计算机穿戴在身上的概念。

就像很多功能纺织品和时尚风格被公众接受认同的过程一样，这种概念被视为纯粹的时尚只是时间问题。集成了科技装置的配饰产品是现今公众的新宠儿。开发时尚而具功能性的装备依然任重而道远，因此仍需要大量探索实验和勇于冒险的意志。时尚设计的能力是实现这一愿景之关键。

图1.11　艾里斯·范·赫本的设计作品

案例分析

Vega Edge（可穿戴发光配件）

2011年，安吉拉·麦基（Angella Mackey）创立了Vega，推出的第一款产品是Vega One发光外套。安吉拉是一名加拿大设计师，有着新媒体艺术、电子、时尚和产品设计的交叉学科背景，同时，她也担任各种功能服装的设计师和设计顾问，包括商业用太空服和医疗护理服。

Vega的产品范围已扩大到包括一系列为城市自行车骑行者设计的嵌入电子元件的时尚外套。本质上，Vega可以发光并能附着在你现有的衣服上。它可以在你骑自行车、跑步或走路时起到安全防护作用，也可以与你衣橱中的衣服搭配，通过简单的科技手段让你的衣服变得时尚。

2013年，Vega与凯特·哈特曼（Kate Hartman）的社会机构实验室（Social Body Lab）合作，创作了Vega Edge（图1.12）。这是一款可穿戴的发光配饰，并于2014年3月在Kickstarter平台成功完成众筹。其理念是，如果目标明确操作简单，且没有杂波和特殊效果，那么可穿戴光源就可以成为日常时尚的一部分。在衣服上别上一个发光夹子，可以让使用者更容易被迎面而来的车辆看到。设计团队认为，可穿戴技术应该关注流行趋势、材料和设计过程。对于这个产品，Vega团队研究了旧的技术和新的工艺，以平衡前沿时尚与附加功能（图1.13-图1.15）。

图1.12　Vega Edge可以夹在夹克或其他任何服装的边缘上，可发光这一性能使穿着者更显眼

图1.13　每一个Vega Edge都是从高品质耐用皮革上用激光切割下来的

图1.14　准备嵌入发光设备的最终裁片

图1.15　不同色彩和形状的Vega Edge发光成品

访谈1

凯特·哈特曼（Vega Edge的合作者）

凯特·哈特曼是一位艺术家、技术专家和教育家，她的专业领域是物理计算、可穿戴技术和概念艺术，目前就职于安大略艺术与设计学院，是数字未来项目的可穿戴和移动技术方面的专家。

凯特使用简单的开源（开放源代码）技术制作物品和DIY工具，这在她的作品“可充气心脏”（Inflatable Heart）和“冰川拥抱服”（Glacier Embracing Suit）中都有所体现。她是“植物信息系统”（Botanicals）的联合创始人，该系统可以让植物在需要水或更多阳光的时候向它们的主人发推特信息或打电话。哈特曼也是ITP夏令营（ITP Camp，这是纽约大学ITP项目针对成年人的暑期项目）的联合负责人，其作品被纽约现代艺术博物馆永久收藏。

作者：作为可穿戴科技领域的专家以及安大略艺术与设计学院社会机构实验室的总监，你的背景是什么？你是如何涉足可穿戴科技和时尚行业的？

凯特：我最初从事的是摄影、电影和视频领域的工作，但后来发现自己更喜欢以人为中心的交互性工作。我的母亲是一位纤维艺术家，在我的成长过程中，我从她那里学到了些许缝纫和纺织方面的知识。当我在纽约大学ITP研究院学习电子学和编程时，就把这些知识结合在一起，创造基于人体的交互智能项目。多年后的今天，可穿戴技术已经成为我的专精领域。

在安大略艺术与设计学院教学期间，我和很多艺术家与设计师一起工作，帮助他们学习创建可穿戴技术和物理计算项目所需的技能。社会机构实验室是一个研究小组，我有极好的机会从头开始创作。我们专注于探索社会环境并开发以身体为中心的技术。我们从事的关于可穿戴技术的工作既富有创造性又具有批判的观点。

作者：你的许多项目都着力于开发可穿戴产品，探索个人表现和交流。时尚在你的作品中扮演了什么角色？

凯特：时尚在很大程度上是个人表现力以及我们如何与他人联系，我觉得我使用可穿戴技术的方式只是这种技术的延伸。我们的肢体语言和着装传达了很多信息，在这种组合中添加一些新工具可以扩大信息交流的可能性。

作者：给我们说一说Vega Edge吧，你和你的合作伙伴们是如何想到这个概念的？你又是如何参与到这个项目的？

凯特：2009年我刚搬到多伦多的时候，在一个艺术开幕式上认识了安吉拉·麦基，她是我当时在那里认识的唯一一个与时尚和科技打交道的人。我们一起创办了多伦多可穿戴设备集会（Toronto Wearable Meetup），从此这个组织初具规模。

几年后，我们得到了资助，可以合作开展一个项目。安吉拉一直在为骑自行车的人设计一种采用集成照明系统的时尚夹克衫。她的作品有很多粉丝，但这些夹克的价格对大多数人来说都太高了。于是我们决定合作开发一种组件式的、多数人能负担得起的设计方案，既能实现可穿戴灯光技术，又能跟她已有的产品线和谐统一。我们最终的设计保留了她已有的骑行服产品的所有理念，同时也没有增加服装生产的难度和成本。

作者：你的合作方有着什么样的背景？他们是如何涉足可穿戴技术和时尚的？

凯特：安吉拉有新媒体艺术和交互设计的背景，是她发现了乔安娜·波哲斯卡和瓦莱丽·拉蒙塔涅这样的艺术家。安吉拉看到她们21世纪初在电子和纺织领域做的事情非常有趣，她从中受到启发，开始从事服装设计，这样她就可以从头到尾把电子产品整合到服装中，并完全掌控其设计。她现在全身心地投入这一设计。

我在社会机构实验室的团队是由安大略艺术与设计学院不同学科领域的在校生和刚毕业不久的学生组成。Vega Edge项目的领衔研究助理是希拉里·普雷特科（Hillary Predko）

图1.16 Vega Edge团队在多伦多的工作室（左起：凯特、杰克逊、希拉里）

和杰克逊·麦康奈尔（Jackson McConnell）（图1.16）。

希拉里是一位跨学科的设计师，因参加多伦多独立设计师作品发布会而开始了自己的事业。她在安大略艺术与设计学院学习可穿戴电子技术，并从此沉迷于将电路和力学知识融合于纺织品设计。她也曾是我们Vega Edge项目产品加工方面的激光切割专家。

杰克逊曾经学习过工业设计,来到安大略艺术与设计学院追求他喜欢的创意计算设计。他主要研究应用于我们身上或身边的科技，尤其是这些技术如何调节人们之间的社会交互。

除了他们之外，我们还有很多优秀的合作伙伴，包括大卫·麦克卡伦（David McCallum）、约翰内斯·翁伯格（Johannes Omberg）和艾琳·刘易斯（Erin Lewis），他们都为Vega Edge的开发提供了技术支持。

作者：在可穿戴技术设计项目中与时尚设计师共事，你感觉如何？

凯特：感觉太棒啦！我没有接受过任何时尚方面的培训，所以对我来说收获是巨大的。我发现，要和同样有一定知识储备或者对于科技方面有浓厚兴趣的设计师们一起工作，这很重要。当技术被引入时尚设计时，整合的过程需要从头开始。这意味着时装设计师需要愿意开放、分享和调整他们的流程。

作者：Vega Edge项目背后的理念是什么？你在设计过程中是如何体现它的？

凯特：在设计Vega Edge时，我们考虑了几个关键因素。首先，它需要模块化。我们会穿着很多不同的衣服，而一件有技术含量的特定服装的问题在于其使用率是有限的。我们希望可穿戴的灯光能够附加到任何服装上，而灯光模块可以很容易地连接和分离，这样就可以把它放在你喜欢的任何地方。

另一点考虑到的要素就是安吉拉所说的“颜值”。这就提出了一个问题：这个配件是否美观？它应该在不工作的时候也要耐看。特别是当配件上的灯光开启时，它能够吸人眼球，而且看上去既闪亮又扑朔迷离，然而在一天中绝大多数时间它的发光功能并不会开启。因此，我们也花了同样甚至更多的心思考虑如何用这个配件搭配我们个人的服装。综合考虑其他因素，我们决定以皮革作为主材料，这种材料品质高、耐用且非常常见，具有与衣服搭配的文化和历史，有助于人们接受将陌生的新物体作为可穿戴服饰品穿戴在身上的观念。

作者：Vega Edge的设计过程是怎样的？这个项目似乎结合了多种新兴技术和工艺流程。你能否分别介绍一下这些技术和工艺以及它们作为一个整体是如何创造出最终产品的？

凯特：最初的过程是极具探索性的。我们从时尚杂志和博客中寻找不同形式的灵感，并尝试了很多材料，比如皮革、木材和硅胶等。制作工艺包括模具制作、激光切割和3D打印。我们花了很长时间找寻将可穿戴技术附加在不同衣物和配件上的各种方法，还在晚上到户外进行产品原型的测试。

这些实验帮助我们确认了设计思路并做出了第一件成品，用激光切割的皮革做成皮套封装光源，采用稀土金属材料做成的强力磁扣能将其夹在任何一件服装的边缘上。自此我们开始不断推陈出新。激光切割机是我们最有价值的工具，有了它，我们可以快速制作出很多样式，从而更好地推进设计进程。

最后，我们必须要考虑产品的生产方式和最终成本。这意味着我们要走出DIY的舒适区，仔细考虑供应商，想象如何在工作室的环境之外，生产成百上千的产品。这需要大量的研究，最终对每一个产品都产生了巨大影响。

作者：你认为对这一领域感兴趣的年轻设计师面临的主要挑战和机遇是什么？

凯特：可穿戴技术是工程学、计算机科学、时装设计、工业设计等诸多学科的交叉领域。在传统的教育体系下，学生很难接触到如此广泛多样的学科。然而，越来越多的跨学科项目让这一过程变得越来越容易了。

作者：对于那些刚刚跨入这个行业的人，你有什么建议吗？

凯特：不断学习并善于合作！一个人不可能无所不知，总有更多的技术和知识等着你去学习。与那些在你不熟悉的领域拥有深厚知识的人一起工作，不仅能惠及你的项目，对你也是一个非常好的深入学习的机会。

访谈2

乔安娜·波哲斯卡

乔安娜·波哲斯卡是康考迪亚大学（Concordia University）设计与计算艺术系的副教授，也是蒙特利尔六角（Hexagram）研究协会的成员。她是XS实验室的创建者和科研带头人，她的团队依托实验室在电子纺织品和感应服装方面开发了很多创新方法和应用技术。

她的艺术设计作品在纽约的库珀·休伊特设计博物馆（Cooper-Hewitt），伦敦的维多利亚与艾尔伯特博物馆（V&A），北京的中华世纪坛艺术馆，纽约的美国计算机协会计算机图形专业组（SIGGRAPH）艺术画廊、国际电子艺术协会（ISEA）、艺术指导俱乐部，悉尼的澳大利亚博物馆，东京的日本电报电话公共公司的通讯中心（NTT ICC），林茨的艺术电子中心以及其他一些地方均有展出。

她在国际上讲授有关电子纺织品以及相关的社会、文化、美学和政治问题，还被麦克林（Maclean）2006年荣誉榜提名为“39位将世界变得更美好的加拿大人”之一。

她在麻省理工学院（MIT）获得了理学硕士学位，毕业作品名为《计算表现主义》。随后，她与麻省理工学院媒体实验室的实体媒体小组（Tangible Media Group）合作，共同创立了国际时尚机器公司（International Fashion Machine，简称为IFM）。她还拥有理论数学学士学位和设计艺术学美术学士学位。

作者：你拥有数学和设计艺术学的双重教育背景，是什么原因让你踏入电子纺织设计和可穿戴计算领域的?

乔安娜：上高中时我的数学就特别好，但我也非常热爱视觉艺术、设计和戏剧。1989年高中毕业后，我决定要同时在两所不同的大学攻读两个不同的学位，一个是数学，一个是设计学。这绝对是不同寻常的，但在某种程度上，我构建了自己的教育模式，成为了一名在科学、数学和编程方面有专长的设计师。这也正是现在我们在康考迪亚大学设计与计算艺术系采用的教学方法。

那时还没有多媒体或交互设计专业的学位，我通过学习数学和设计构建了自己的双重教育背景。因此，我对电子纺织品和可穿戴计算的兴趣源于我对科学和所有新的计算机技术以及如何将它们应用到设计中的兴趣。我特别想发明一个交互设计领域的革新作品，传统交互设计依赖“硬件”（如鼠标、键盘）实现有限的交互效果，我想通过引入带有传感器的纺织品作为“柔性”界面的形式，并通过可穿戴计算机技术在整个作品主体上创造数字交互的方法来设计我的新作品。

作者：你于2002年建立了XS实验室，你的设计理念是什么?

乔安娜：实验室的大部分作品都涉及可穿戴计算机技术，通过计算机技术社区，特别是人机交互技术（HCI）社区，密切关注实体交互并参与用人手操作物理对象。我预言电子纺织品将扩张我们的物理交互范围，从而让我们进入一个真正的可穿戴环境，并开拓我称之为“超越手腕”交互的新边界。我喜欢这样的想法：通过交互服装让我们全身都实现计算机交互。

有许多有趣的新材料可供设计师使用，如导电纤维、活性墨水、光敏材料以及形状记忆合金。运用这些材料可以产生新的设计形式和新的体验，重新定义我们与色彩、材质、廓形、材料和数字技术之间的关系。我在XS实验室的设计理念是把这些活性的、应变的、交互的材料和技术作为基本的设计元素，关注交互的美学，以质疑我们在设计中使用的技术和材料的一些基本假设。我痴迷于尝试意想不到的材料变化，例如在织物设计中用热变色墨水喷绘图案，随着温度变化图案会消失，又如因为应用了形状记忆合金纤维，裙子可以沿身体上下移动。

作者：XS实验室的很多作品注重织物和可穿戴技术的潜在表现力，它们与当前可穿戴技术的功能定位有何不同？

乔安娜：我在XS实验室的项目尝试采用一种与传统的人机交互中基于任务、实用的功能定义不同的方法。我对于"功能"的定义同时着眼于计算技术的重要性和魔力，融合了美丽和快乐的概念。我尤其注重设计令人惊讶、引人注目、奇特而好看的可穿戴计算产品，而不仅仅是帮你阅读邮件、发送天气信息的可穿戴设备。我们必须忠于时尚的历史，通过电子技术提升时尚，而不是用消费性电子产品取代时尚。

作者：可穿戴和便携式电子设备的世界缺少什么？

乔安娜：我们需要的可穿戴设备还可以更加天马行空、悦耳动听、富有诗意及戏剧性。我们需要可穿戴设备在日常生活中能够激发神奇感官和文学体验，而不仅仅是提高生产力或者效率。我的许多电子纺织品创新秉承了世代相传的纺织品制造技术和文化历史——织造、缝制、刺绣、编织、珠绣或绗缝——不过使用的是一系列具有不同机电性能的材料。我考虑了这些材料的柔软、趣味和神奇等特点，以便使其更好地适应人体轮廓以及人类复杂的欲望和需求。我的方法经常涉及荒谬、反常和越轨的微妙元素。我利用黑色幽默和浪漫主义来构筑设计故事并激发设计创作灵感。这些综合性方法启发我创造具有综合功能和复杂特性的复合面料。

作者：我们所有的衣服和配饰是否都应该与电子设备连在一起？还是说我们需要将其中一部分物品与电子设备的连接断开？

乔安娜：十年前我几乎每周都要去听讲座或做研究，那时候我特别喜欢旅行本身，因为它迫使我与世隔绝。在飞机上没有WiFi，我的手机也接收不到电子邮件。那几个小时的沉默和孤独是非常奢侈和富有成效的，我能够利用这段时间独自思考，发掘新想法和新项目。如今这种与电子设备的连接已无处不在，似乎强制切断可穿戴设备与你的连接反倒是一件非常刺激、非常不舒服的事情。我赞成解除无处不在的连接！我认为让自己处于一个困难的处境，迫使自己离开舒适区，激发自我不断学习和成长是很重要的。

作者：请你谈谈目前正在进行的新项目。

乔安娜：我是OMsignal公司电子纺织品部门的负责人，这是一家位于蒙特利尔的初创公司，开发专注于性能、健康和幸福的可穿戴技术产品，以应对社会日益增长的需求，寻求生活中的平衡。第一个产品是一件衬衫，可以通过附在织物上的传感器或者iPhone来追踪各种生理信号，并提供各种相关的生物反馈，以改善身体机能、提高幸福感，进而提升自我认识、减轻压力。

作者：你认为智能纺织品开发的最大成就和技术方面的挑战是什么？

乔安娜：生产制造仍然是最大的问题。创新设计概念很难达到以顾客能负担的价格来实施批量生产。问题在于目前不存在大规模的电子纺织品制造能力，加之纺织品和电子技术的集成技术难度较高，现有大部分大型生产制造商要么专注于纺织品制造，要么擅长电子元件加工，鲜有企业涉及纺织品与电子技术结合的领域，而且电子纺织品的市场利润很小。我们仍需解决生产制造中产品性能不可靠以及延展性差的问题。

作者：产品形式和功能，是哪一个先激发你的创作灵感？

乔安娜：我认为，形式即功能！智能服装整合了可以为人们提供附加价值的新技术，在我们的物理和数字身份以及我们的社交网络之间创建了相互交织的链接。衣服不仅是在装饰我们的身体，而且还在与我们的身体协同工作，帮助我们调节个人和社会身份，提升自我认知，提高我们的生活质量。

图1.17 “Shoulder Dress”是乔安娜·波哲斯卡的“羯磨变色龙”研究/创新项目的一部分，该项目是设计师和科学家的跨界合作。这条连衣裙由新一代的复合纤维制作而成，可以直接从人体获取并存储能量，然后利用这些能量来改变服装自身的视觉效果。这件“有生命”的服装可以通过相应的人体运动改变服装自身的视觉特征、颜色和造型

作者：你的工作涉及许多跨学科合作，能否详细谈谈你的工作体验？跨学科合作涉及到的挑战和机遇有哪些？

乔安娜：在过去的五年里，我一直与科学家们合作开发一种具有计算功能的复合纤维，核心技术创新在于将这些功能全部转移到纤维本身上。项目名为“羯磨变色龙”，其目标是应用这种可以吸收、感知并呈现能量的纤维织造面料，并设计制作一件样衣（图1.17）。从概念上讲，这个项目与目前以织物为基质的主流开发模式不同，是将力学电子性能充分集成到复合基质中，这样纤维本身可以：（a）吸收人体产生的能量；（b）将能量直接存储在纤维中；（c）利用其储存的能量来控制纤维发生变化（如发光和变色）。

研究开发该新型纤维的意义有两层。首先，当一种材料集成了计算能力时，如何对这种材料进行编程？我们通过确定材料在复合系统（本例为纺织品）中的长度、形状和位置来实现这一操作。改变材料的形状或方向将改变它的性能，不仅可以改变其视觉特征，还可以改变其计算能力。其次是美学和设计语言（如形状、色彩或视觉构成等参数）与计算机编程语言的结合，其意义更为深远。因此正如我所言，形式即功能！

作者：对于那些热情激昂的可穿戴技术设计师们，你有什么建议送给他们吗？

乔安娜：我认为对其他领域充满激情，从科学、技术和文学等领域获得灵感是非常重要的。你必须去探索模糊技术、诗意和物质性之间的界限，这样才能更深层次地拓展你对交互和变化设计的驾驭能力。

内容回顾

1. 为什么尼龙的发明对时尚技术领域如此重要？
2. 你如何描述“可穿戴设备”？可穿戴设备和时尚之间是什么关系？
3. 列出一些在作品中运用电子技术的早期研究者和设计师的名字。他们的工作有什么突破性的地方，是如何影响后继创新作品的？
4. 创客社区对时装设计社区有哪些贡献？
5. 服装设计美学对可穿戴设备的作用是什么？

讨论

1. 例举一些最新的可穿戴技术产品，并讨论它们的设计美学和功能性。成功的功能实现是什么样的？
2. 你认为现有功能性产品缺少些什么？
3. 如何改进现有的可穿戴设计？
4. 当你搜索DIY和创客社区项目时，发现了哪些有帮助的信息？
5. 假如你正在开发时尚科技服装和配饰，你希望与什么样的专业人士合作？

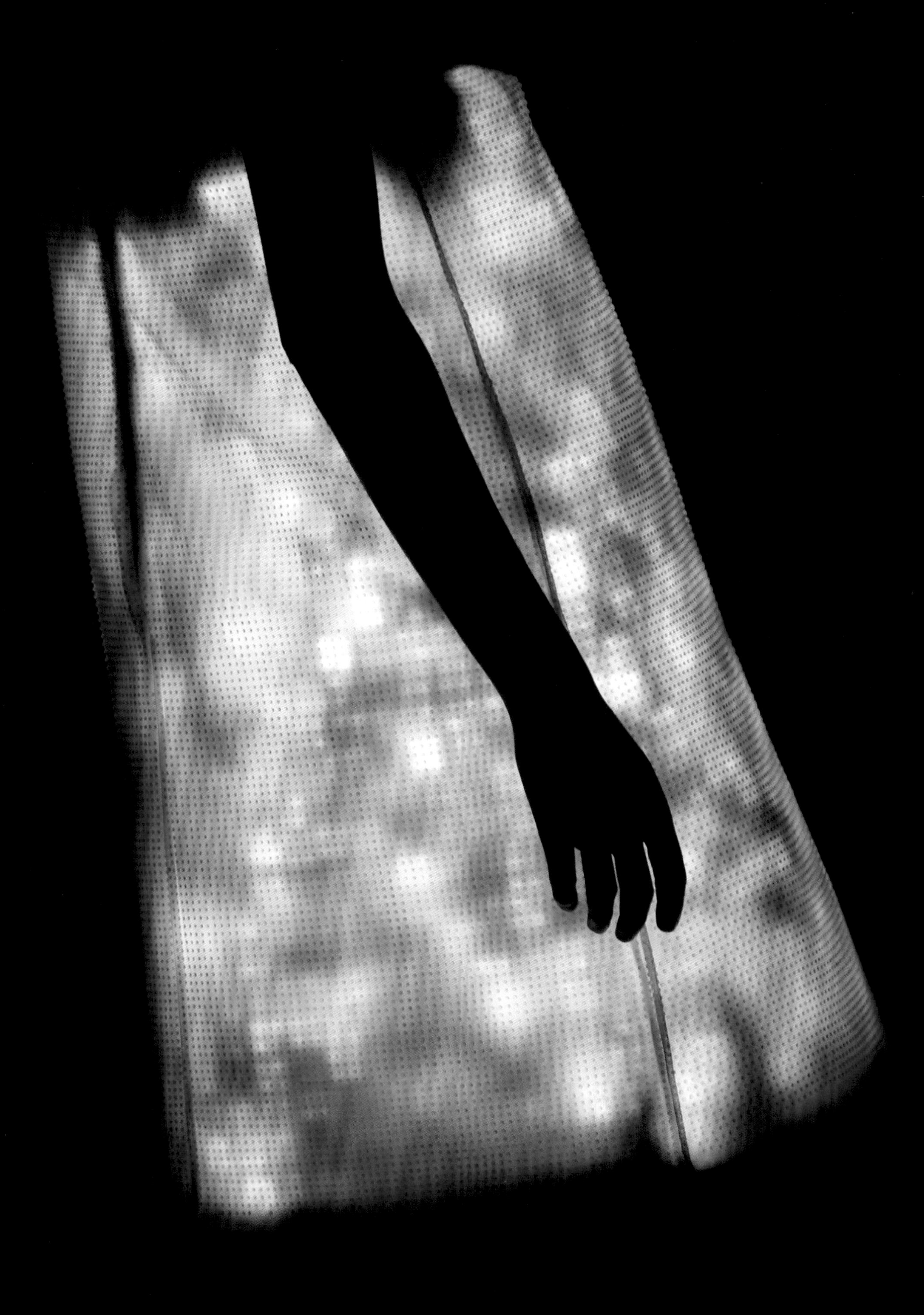

第2章

如何应用电子学进行设计

本章介绍了电学原理和基础电路的基本概念，首先介绍了基础组件的基本定义，进而深入阐述了如何在时尚配饰产业的设计环境中进行电路设计。对于渴望把电子技术集成到时尚产品的设计师而言，这些知识是最基本的理论基础。读者将学习如何建立软电路、如何用专业术语来传达设计理念。本章最后的教程将帮助读者培养应用软电路进行设计所需要的技能。凯瑟琳娜·布雷迪思关于翻转开关的案例研究揭示了一种可以植入到服装或交互项目中的功能应用。

读完本章读者能够：

- 了解电学的基本原理
- 具备构建电路的知识
- 熟悉电路的基本组成
- 建立自己的软电路设计

通过学习电学和电路的基本概念，读者将会了解如何将电子技术集成到服饰产品的设计过程中，但应谨记在心，产品系列设计应由服装设计师的设计理念来主导。因此，读者应衡量如何应用电子技术改进自己的想法。了解各种软电路和元件，以及学习如何将它们集成到设计中，这将是创作出成功而实用的设计作品的关键所在。下列问题可以指导设计师开展具体工作：

- 如何创建一个闭合电路，让电流不间断地流动？
- 我的设计用哪种电路更好：串联还是并联电路？
- 如何为电路供电？如何将电源集成到我设计的服装或配饰中？
- 是让客户更换电池以实现功能存储，还是采用自供电的方式？
- 如何打开和关闭电路？
- 如何将电路的闭合和打开功能集成到服装中？
- 哪些组件与我的设计作品中已选择的材料最匹配？
- 电路中的开关会对整个设计产生什么样的影响？

电

了解电是什么以及它是如何工作的，这些知识很重要。电有两种类型：交流电（AC）和直流电（DC）。交流电的电流是周期性变化的，直流电的电流是恒定不变的。电流是由电荷流动形成的，电荷从高电势（用符号“+”表示正极）流向低电势（用符号“–”表示负极）。在电路中，电荷通常由电线中移动的电子携带；而服装上可以使用各种各样的导电材料，如缝纫线、涂料或胶带，以实现理想的外观或简单地隐藏电路本身。

交流电的电流方向在电路内不停地交替变化，方向交替变化的速度用赫兹（Hz）来测量。赫兹是以海因里希·鲁道夫·赫兹（Heinrich Rudolf Hertz）的名字命名的频率测量单位。1Hz指“每秒一个周期”。直流电的电流从正极到负极单向流动。在直流电中，总是存在一个正电压和一个负电压（或叫地电压，也叫零电压）。

电有电压和电流两种额定值。电压是两点之间的电势差，其计量单位是伏特（V）。伏特是以意大利教授亚历桑德罗·伏特（Alessandro Volta）的名字命名的。他用锌、铜和纸板发明了世界上第一块电池。伏特发明的电池能产生稳定可靠的电流。电流是指通过某个特定点的电量，单位是安培（A）或者毫安（mA）。安培是以法国数学家和物理学家安德烈·马利·安培（André Marie Ampère）的名字命名的。他对于电磁的发现功不可没，被誉为电动力学之父。安培是国际标准单位中七个基本单位之一，用来测量恒定电流，或者单位时间通过电路的电量。为了更好地理解这些定义，举例来说，假设有一个全新的9V电池，这个电池的电压就是9V，电流约为500mA。

电也可以从电阻和功率的角度来定义。为了定义电阻，首先应该定义导体。导体是允许电荷朝一个或多个方向流动的物体、材料或织物。导体的电阻是电流通过导体时遇到的阻力。电阻的国际单位是欧姆（Ω），是以德国物理学家乔治·西蒙·欧姆（Georg Simon Ohm）的名字命名的。他发现了导体上的电势差与由此产生的电流有直接关系。欧姆定律指出：电压等于电流乘以电阻（R）。

$$V= I\times R$$

欧姆定律方程式有以下两种变化形式：

$$I= V\div R$$

$$R=V\div I$$

利用欧姆定律可以确定一个有任意数量元件的电路需要多少电阻，也可以查看某个元件，如发光二极管（LED），所接收的电流是否超过了预期的量（图2.1）。

在电路中，不要超过元件的额定功率也是很重要的，否则会损坏元件。瓦特（W）是功率的单位，是以苏格兰发明家詹姆斯·瓦特（James Watt）的名字命名的。瓦特在18世纪晚期改进了蒸汽机，推动了工业革命。直流电的功率可以用电源的电压乘以电流来计算。

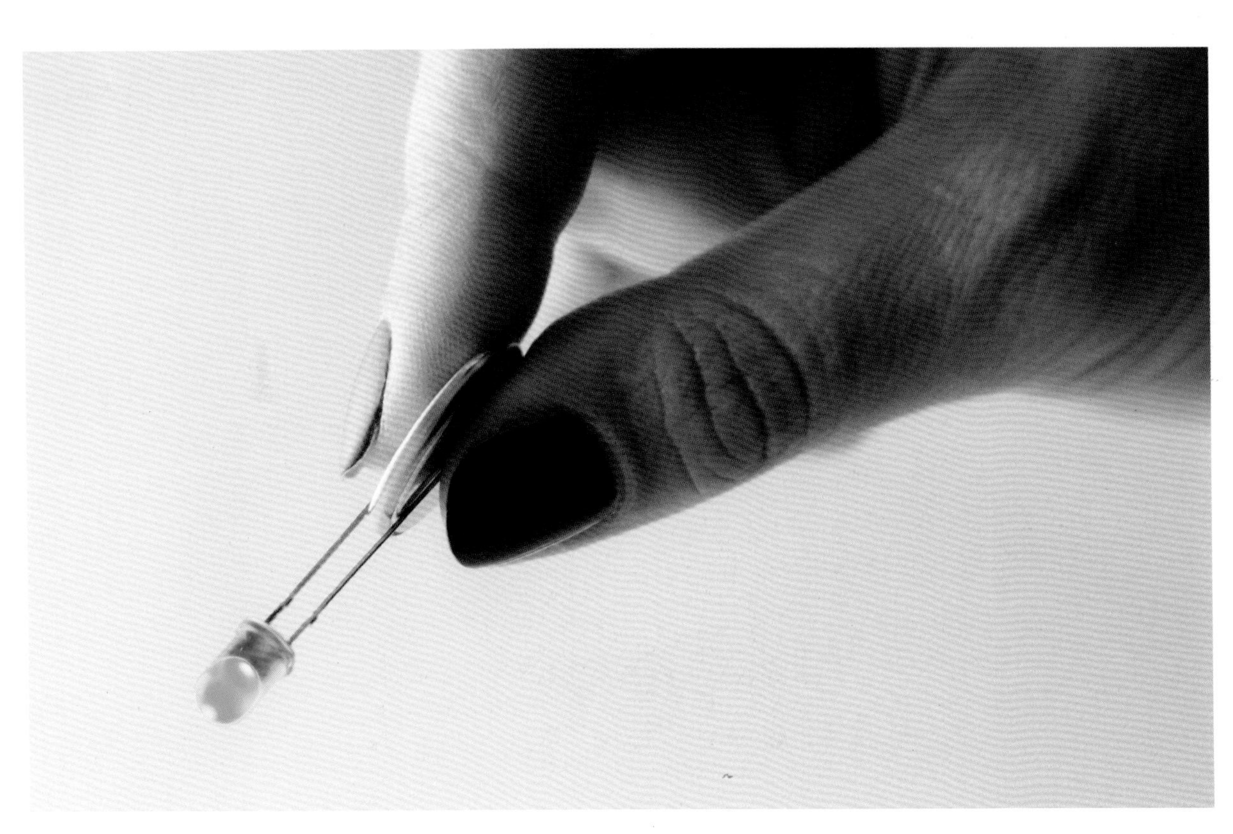

图2.1　最简单的电路之一：由电池供电的LED

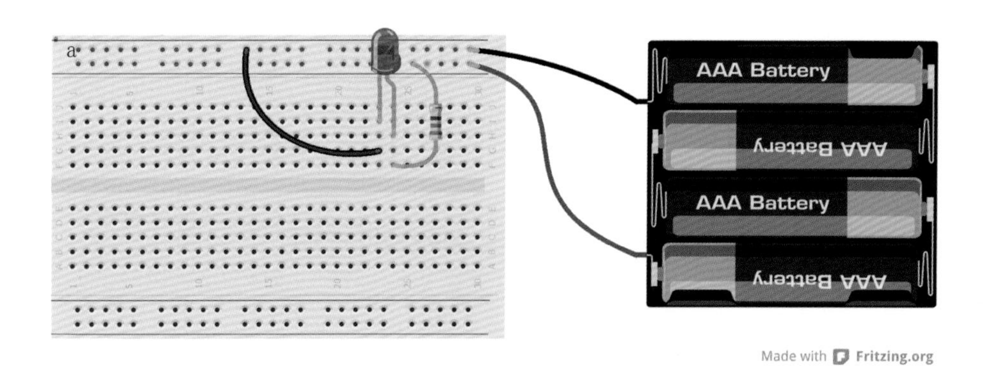

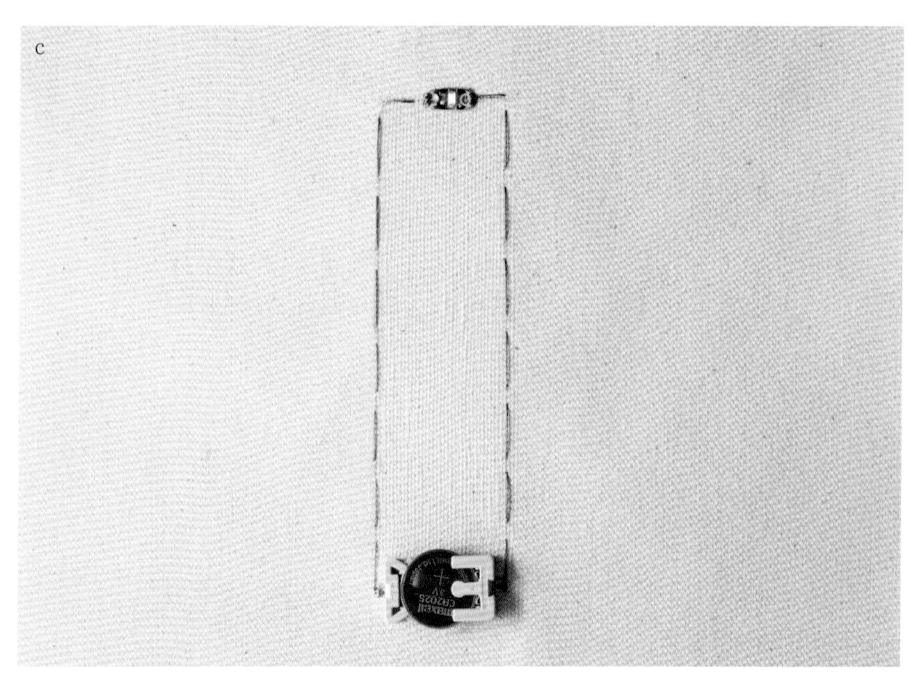

图2.2 （a）在Fritzing.org上创建的LED电路模拟图，（b）用电线在真正的电路板上建立的与（a）相同的电路，（c）最终安装在织物上的软电路

电路

电路是完整、闭合的通路或无止尽的回路，电流可以在其中不间断地流动。闭合的电路允许电流在正极和负极间流动，而开路则中断正极和负极之间的电流。任何属于这个封闭系统的部分，只要允许电流在正极和负极之间流动，都被认为是电路的一部分。每个电路都有不同的元件，这些元件允许电流流动并执行预定的功能。

每个电路在实际应用到服装或配饰之前都应当进行测试。有各种各样的开源网站可以作为在线的电路原理模拟器，比如Fritzing.org，Circuitlab.com和dcaclab.com，这些网站可以帮助用户构建、测试、存档以及共享技术原型，然后再制作最终的服装（图2.2）。

记住，你可以按照自己的喜好创建电路，不管是复杂的、异想天开的还是精密的都行。例如，保拉·吉梅兰斯（Paola Guimerans）是帕森斯设计学院的设计与技术硕士课程的毕业生，她一直在通过将视觉艺术、手工艺品和电子技术相结合来创造新技术，探索交互艺术和跨学科教育方法的新的表现形式。她设计的绣花软电路（图2.3）就是在传统的刺绣机器上用彩色的面线和导电底线制作而成的闭合电路。你也可以全部用导电缝纫线，或者像保拉那样只把导电缝纫线用作底线。这种工艺让你可以自由选择与你的设计相匹配的颜色。

接着，再来回顾一下构成电路的必要的基础元件。

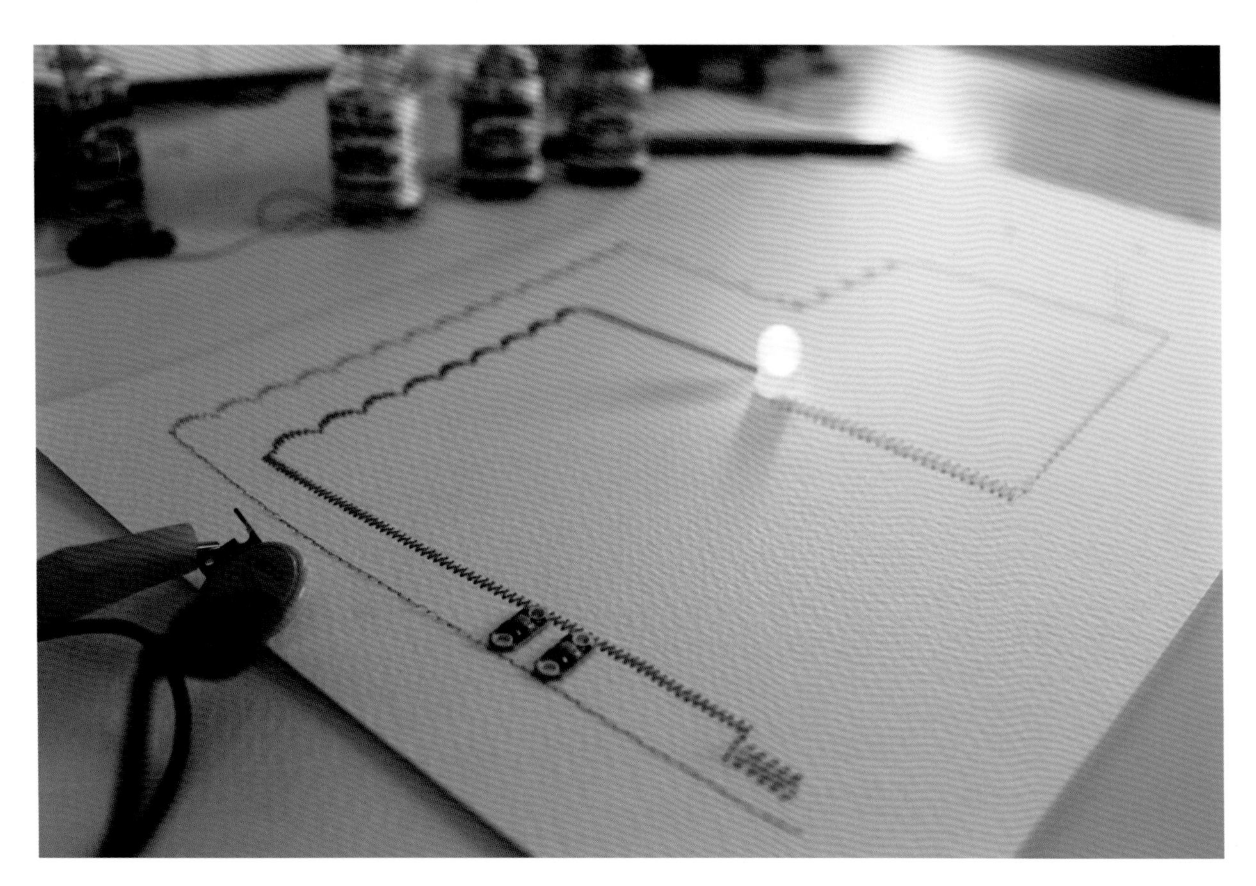

图2.3　保拉·吉梅兰斯设计的绣花软电路，由可缝合的常规发光二极管（LED）并联组成。请注意，底线（正面看不见）须能导电，才能让电流通过

串联和并联

连接电路有两种不同的方式，一种是串联，另一种是并联（图2.4）。串联时，组件一个接一个放置，这意味着电流必须先通过一个组件，然后通过下一个，再下一个，以此类推。并联时，各个组件并排放置，电流同时经过所有组件。要注意，串联电路中，功率会逐渐减弱。如果需要用到好几个LED，应当建立并联电路。

柔性电路和电子产品

柔性电路是电子学中最重要、也是发展最快的部分（图2.5）。最纯粹的柔性电路形式是大量导体排列嵌入到介电薄膜上。所需的电子元件可以安装在柔性塑料衬底上，如聚酰胺、热塑性聚合物或者透明导电聚酯薄膜。柔性电路也可以在聚酯纤维上运用丝网印刷成银色电路，另外，柔性箔电路或柔性扁平电缆（FFC）可以通过在两

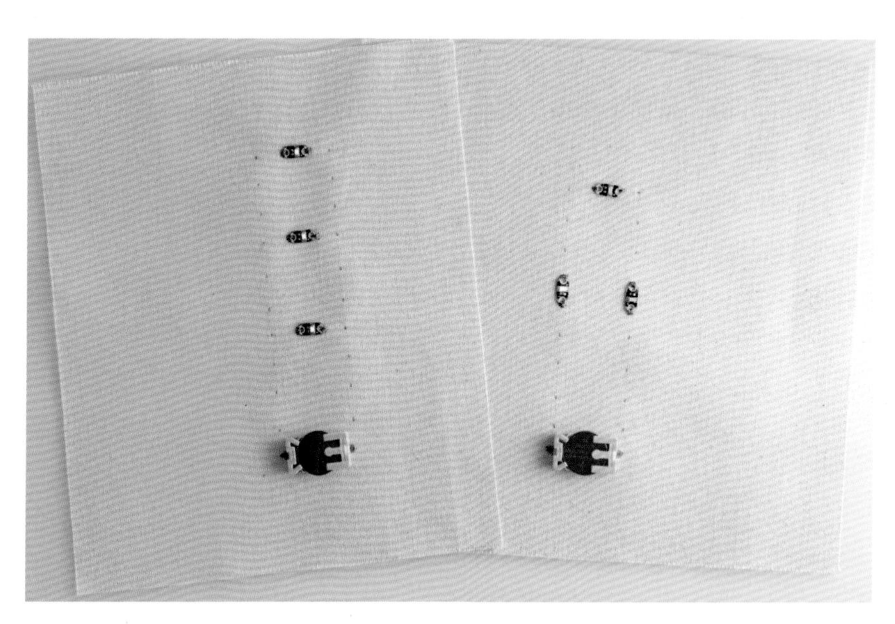

图2.4　装有3个LED的软电路：左图为3个LED的并联电路，右图为3个LED的串联电路

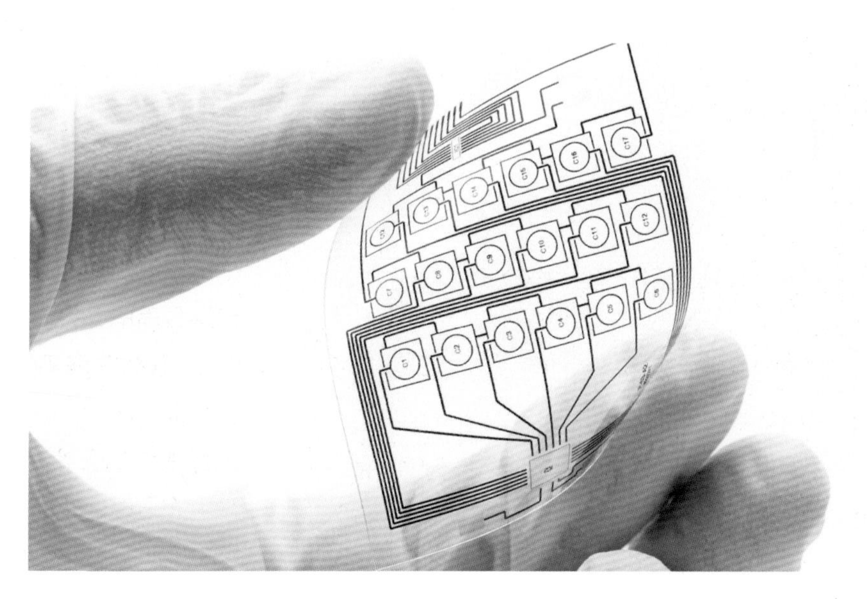

图2.5　柔性电路布局

层PET（polyethylene terephthalate，聚对苯二甲酸乙二醇酯）之间层压超细铜丝制成。这样电路板就能够做成各种形状，在使用过程中也可以自由弯曲，而且可以采用超薄连接的方式取代笨重的电线。柔性电路的大小和重量都减少到了最小值，与此同时，材料的柔韧灵活性提高了，信号质量变强了。机械连接器逐渐被淘汰，从而减少了线路和连接方面的错误。

柔性电路能达到最小的表面积，肯定能符合人体形状或尺寸限制，最适合用于可穿戴设备和配件。这项技术自20世纪50年代以来一直应用于电子、军事和医学领域，目前正在迅速发展。医疗设备和手机的发展大大得益于这项技术。时装和配饰也可以从这项技术中受益，因为电路能以最小的可视性和最大的灵活性添加进来。可以用铜或银导电墨水直接设计柔性电路，或者通过丝网印刷将导电墨水转印到织物上以创造出具有强烈视觉冲击效果的设计。

电路的基础组件

要建立一个电路，需要将几个组件连接成回路，使电流可以在回路中流动。选取的组件类型取决于设计师想要实现的功能和期望达到的外观效果。在基本电路中，工程师会使用电线，而时装设计师则会使用导电缝纫线或导电涂料，传统的电路开关可以用按扣或金属拉链代替。应根据功能和目的精心挑选每个组件，这些组件包括电池、LED、电阻器、电容器、二极管、晶体管、电位计、开关、电线或导电缝纫线、导电涂料和导电胶带。

电池

电池是存储能量的容器，它能产生电能，为电路供电。从本质上讲，它是一种将化学能转化为电能的装置，允许有限的电流从电池中流出，进入电路。每个电池都有一个正极端（阴极）和一个负极端（阳极），在电池的外部有明显标识。电池有两种：一次性电池和可充电电池。然而，即使是同类型的电池，其电压和容量也可能略有不同（图2.6）。

电池可以通过串联或并联的方式连接到电路中。电池串联后，连接在一起的电池的电压会叠加起来，但电流保持不变。例如，一个AA电池是1.5V，如果三个电池串联，加起来就是4.5V，如果再串联第四个，电压就变成6V。电池并联后，电压保持不变，但电流会加倍增大。通常电池都采用串联的方式进行连接，只有在电路需要更大电流时才会并联电池。

图2.6　可供选择的电池种类繁多，要根据需求而定。图中有太阳能电池板、锂离子聚合物电池、纽扣电池、AAA碱性电池、AA碱性电池和9V碱性电池

电阻器

电阻器是一种在电路中增加阻力、减小电流的组件（如图2.7）。一般店里出售的电阻器上会根据电阻量的大小标有相应的欧姆值，电阻值的读数应从左到右向金色环带一端读出，通过查阅电阻值与颜色的对照表也可以便利地辨别电阻值。电阻器分为定值电阻器和可变电阻器两种。顾名思义，定值电阻器有一个预定电阻值，无法改变。可变电阻器有多个接触点，电阻值会受到外部影响而发生改变，将连接位置移动到不同的接触点就可以改变电阻值，有时候电阻器上也可能设有滑片，移动滑片即可改变接入电路中的电阻值。设计可穿戴科技产品或服装时，可以考虑用不同的面料来制作电阻器。例如，弹性导电织物可以设计成可变电阻器。

光敏电阻器

光电导管是由光控制的可变电阻器，也被称为光敏电阻器（LDR）、硫化镉电池（CdS，用硫酸镉制成）或光电池（图2.8）。它的电阻值随着光强的增加而减小，呈现出光导电性。光敏电阻器很小且成本低廉，可以用在照相仪、路灯、时钟收音机或太阳能灯上，也可以用在服装或配饰中，作为光敏和暗敏电路的开关。光敏电阻器的电阻值和灵敏度因组件个体不同而差别迥异，

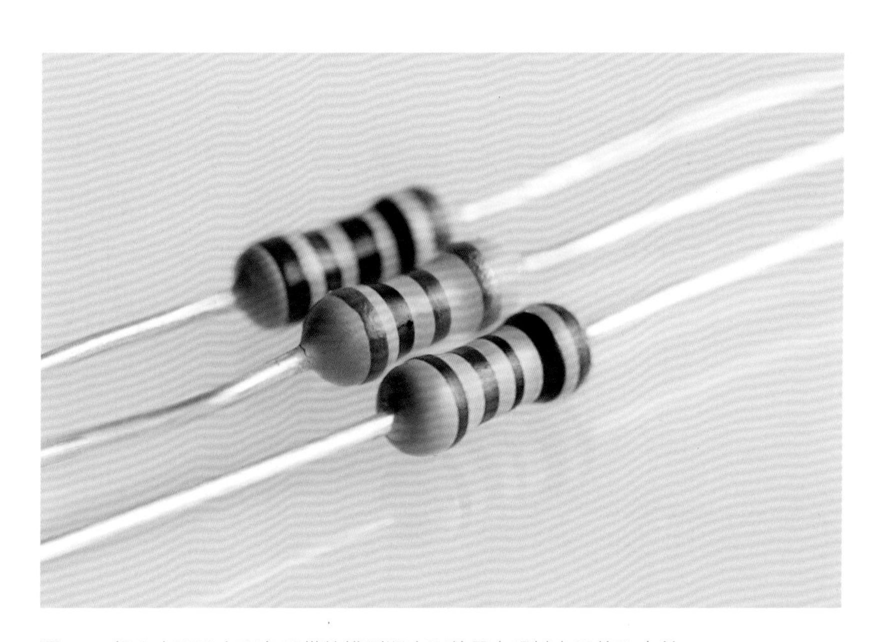

图2.7　每个电阻器上彩色环带的排列顺序和数目表明其电阻值和容差

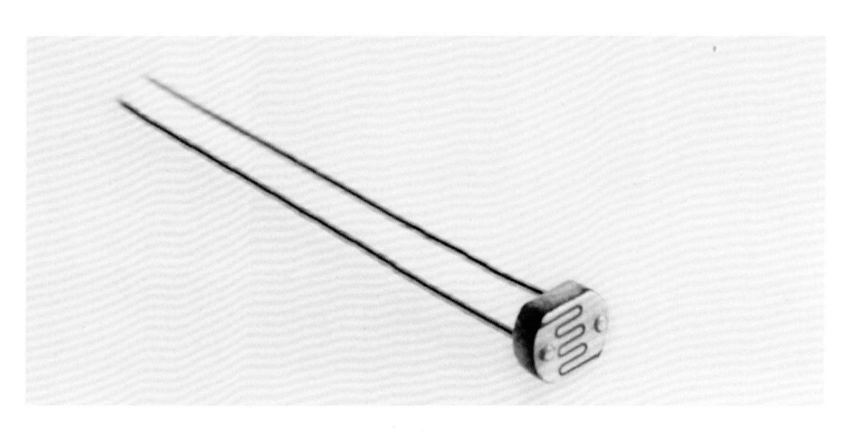

图2.8　光敏电阻器又称为光电导管或光电池，它是一个光控可变电阻器

其种类繁多，使用方式也变化多端，但总的来说，光敏电阻器都不太精确，可用于光线明暗的简单探测，但无法测量其精确值。光敏电阻器还可以做涂层处理，采用不同涂层材料可以得到不同的电阻值，具体取决于所使用的光敏电阻器。但要注意，光敏电阻器的使用在欧洲受到严格限制，因为《有害物质限制条例》（*Restriction of Hazardous Substances Directive*）禁止使用镉。

电位计

电位计是一种可变电阻器，由两三个接线端子和一个滑片或其他可移动的接触元件（称为拨动杆）构成，可以调节电压。拨动杆在电阻条上滑动，以增加或减少电阻值。电阻值的大小将决定电路的电流输出量。传统电位计看起来像一个旋钮，可以通过旋转旋钮切换接线端子来改变电阻值（图2.9）。

线性电位计在软电路中更常用，通常其拨动杆可以沿着线性元件移动，而不是在两个端子之间旋转。也可用手指作为拨动杆（图2.10）。

最开始电位计常用于控制电子设备（例如控制音频设备的音量），但在时尚和科技项目中，电位计可以用织物、导电材料和电阻材料制作，以便将其包括在服装或纺织品项目中（图2.11）。

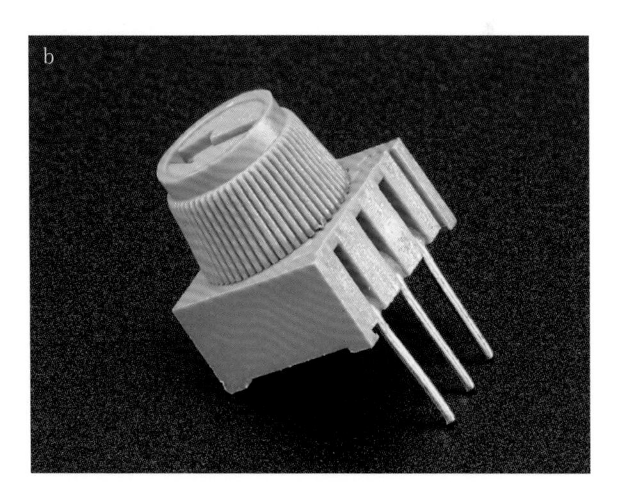

图2.9　带有（a）金属旋钮和（b）彩色塑料旋钮的标准1KΩ线性锥形电位计。阿德弗里特工业公司生产的10K微调电位计有很长的调节旋钮，非常适合进行模拟试验和原型设计

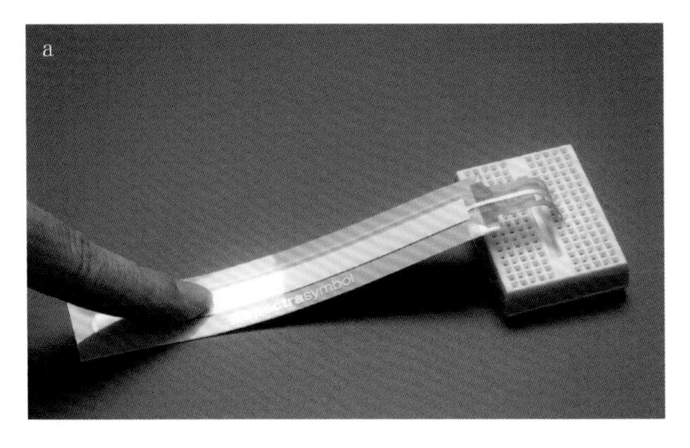

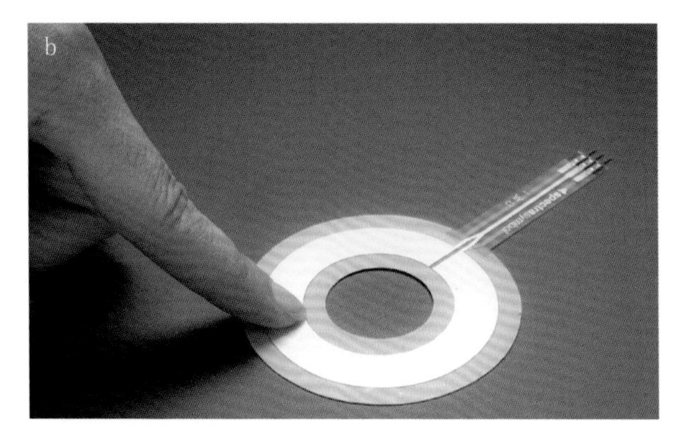

图2.10　（a）线性软电位计和（b）圆形软电位计。这些传感器也被称为带胶背衬的带状传感器（Ribbon Sensor），来自阿德弗里特工业公司（www.adafruit.com）。电阻值的变化取决于触压传感器的具体位置

图2.11　KOBAKANT工作室出品的一款电位计，其导电线和电阻线应用缝纫机的之字形线迹并排缝制而成。用一个导电的物体（如勺子）可以连接两条线迹，测量绣花电位计的电阻值变化

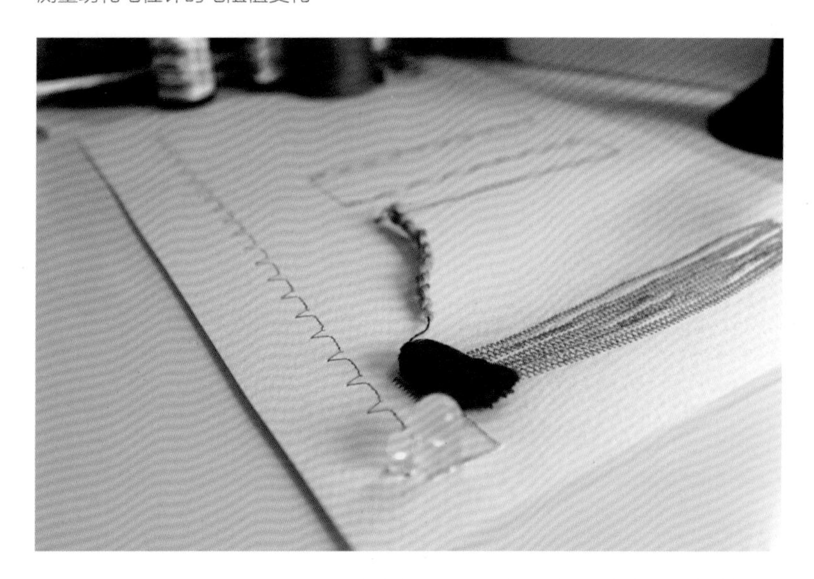

图2.12　保拉·吉梅兰斯设计的绣花电位计有一个纱线“拨动杆”，能沿着导电的之字形线迹移动来改变电阻值

LED

LED的全称是发光二极管。它是一种特殊类型的二极管（图2.13），当电流通过时它就会发光。二极管有单向导电性，电流只能朝一个方向流动。根据所使用的LED的类型，通过不同的指标可判断电流流经LED的方向。LED灯通常有引线，较长的引线为正极，较短的引线为负极。可缝合的LED或扁平的LED上都清楚地标有正负极符号，分别用“+”和“–”表示。

LED会引起电路中的电压下降，但通常不会增加太多电阻。为了防止电路短路，最好在串联线路中加入一个电阻器。网上有一些LED/电阻计算器可以帮助用户计算出针对单个或多个LED的情形到底需要串联多大的电阻值。

注意，如果将几个LED串联起来，会导致每个LED的电压下降，直到最后没有足够的电压使它们继续发光。因此，理想的情况是将多个LED并联在电路中。并联时要确保所有LED的额定功率相同。LED的颜色不同，其额定功率也有所不同，每个LED只能在限定的电流和电压下工作。各种LED的规格可查阅其产品说明书，不过最常见的LED的电压为5V，电阻在220Ω到1 000Ω之间。

开关

开关能引起电路物理中断，从而阻止电流的流动（图2.14）。当开关被激活时，它可以打开或关闭电路。开关可以是机械装置，如传统的电灯开关，也可以通过刻意输入的信号或传感器被激活。复杂的开关可以打开一个或多个连接，并在被激活时关闭其他连接。在服装中，电路的开关不必局限于机械的按钮或者控制杆，可以用金属扣合件作为开关，比如拉链、金属按扣、金属纽扣、包覆了导电线或导电面料的纽扣，以及用导电缝纫线或导电面料缝制的扣眼。

开关有两种类型：瞬时开关和交互开关。瞬时开关只有在被激活时才能保持特定状态，一旦释放后又回到初始状态（图2.15）。它们的默认

图2.13　Lilypad设计的各种颜色的手缝LED，背面的条纹颜色表示LED的颜色（左一、左二LED分别为紫色和蓝色）

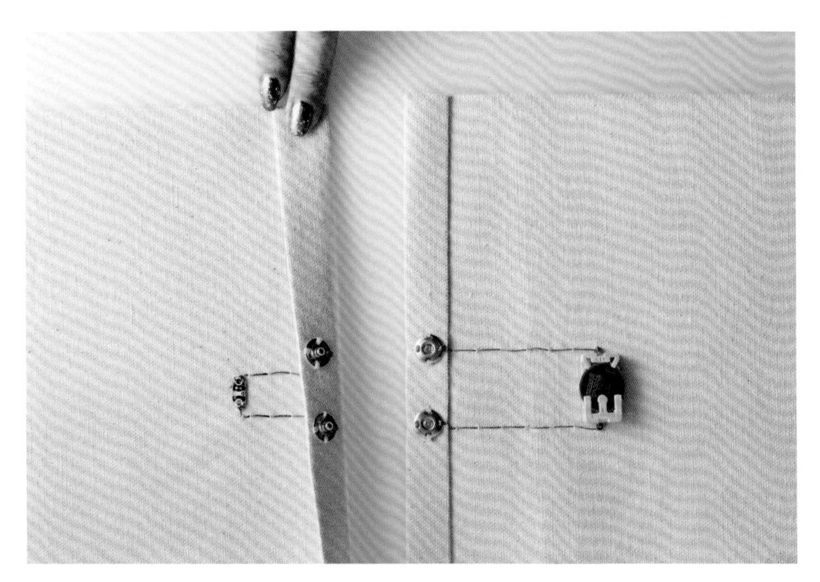

图2.14　金属按扣开关。两个按扣都要扣上才能接通电路

状态可以是开路或闭路状态。默认为开路状态的开关一旦被激活就会形成闭合电路；相反，默认为闭合状态的开关一旦被激活就会断开电路。交互开关始终保持原状，直到它被驱动到新的状态。交互开关机械地控制电路处于闭合或打开状态。如图2.16所示，一旦拉链头经过导电引线，这个开关就会被激活。

尽管有很多现成的开关可以选择，但是它们往往体积过大，不适用于服装和大多数配饰。最好还是用能买到的合适组件自行设计开关。可以参考后文关于翻转开关的案例分析。

请参阅本章末尾的教程，根据个人的设计概念创建开关。

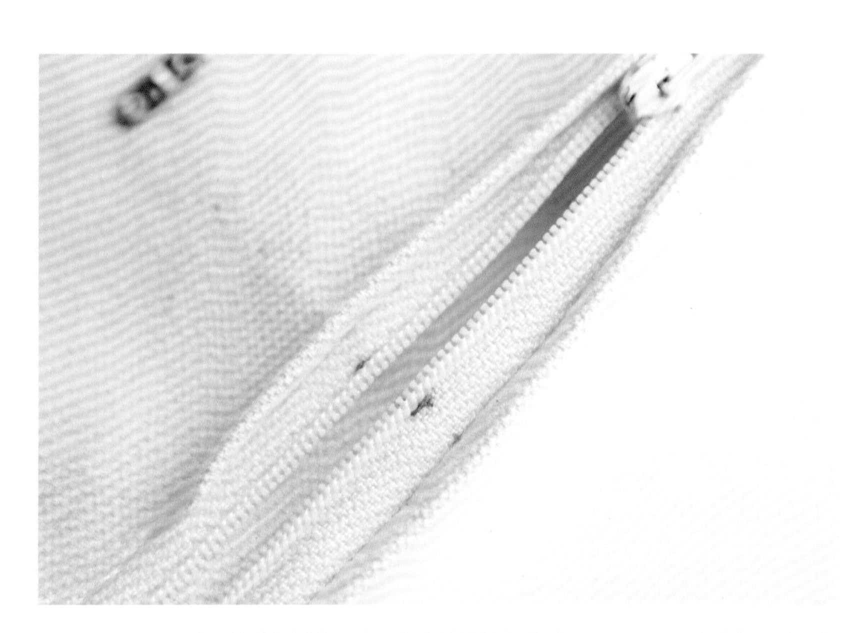

图2.15 这个瞬时开关（塑料齿和金属拉头的拉链）此时是断开的，只有当拉链头刚好经过导电引线的一瞬间才能激活开关，拉链头处于其他任何位置时，开关都是断开的

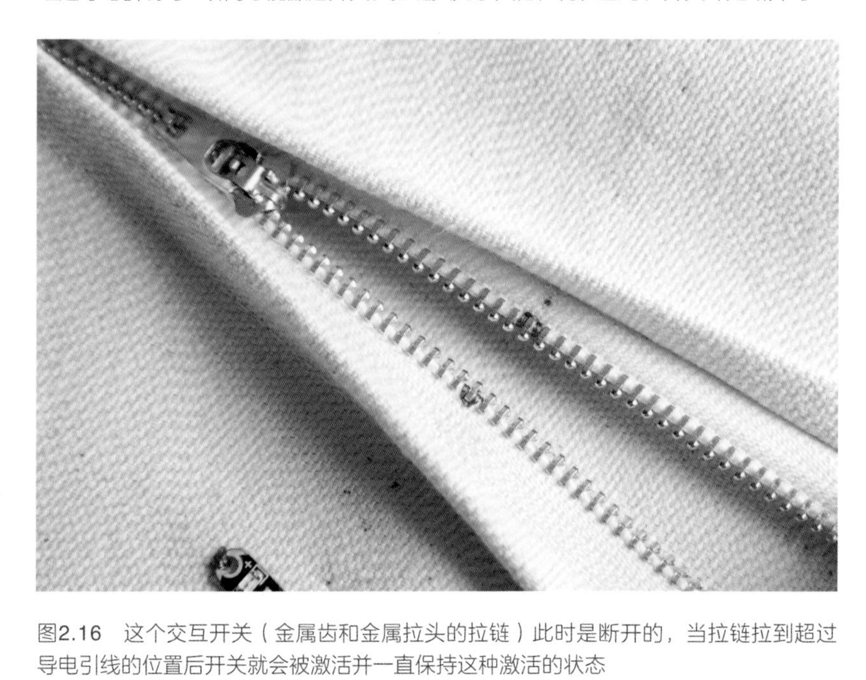

图2.16 这个交互开关（金属齿和金属拉头的拉链）此时是断开的，当拉链拉到超过导电引线的位置后开关就会被激活并一直保持这种激活的状态

案例分析

翻转开关（Flip Switch）

这个项目是由凯瑟琳娜·布雷迪思、汉娜·佩尔纳-威尔逊和莎拉·迪亚兹·罗德里格斯（Sara Diaz Rodriguez）设计完成的。这是一个简单而富有创意的设计——用针织纱织片制作翻转开关（图2.17）。这个翻转开关是在一个凸出的翻转片两侧各设计了一条导电条纹，翻转片被拨动后可以接触到其中一条导电条纹（图2.18）。两条导电条纹分别连接了一红一绿两个LED灯的正极，导电翻转片与电池的正极连接（图2.19）。当翻转片打开时，接触不到导电条纹，电池的电量就无法到达LED灯；而当翻转片接触到任意一条导电条纹时，会形成电流，相应的LED灯就会亮起（图2.20）；若将翻转片压平，使其同时接触到两侧的导电条纹，那么两个LED灯会同时亮起（图2.21）。

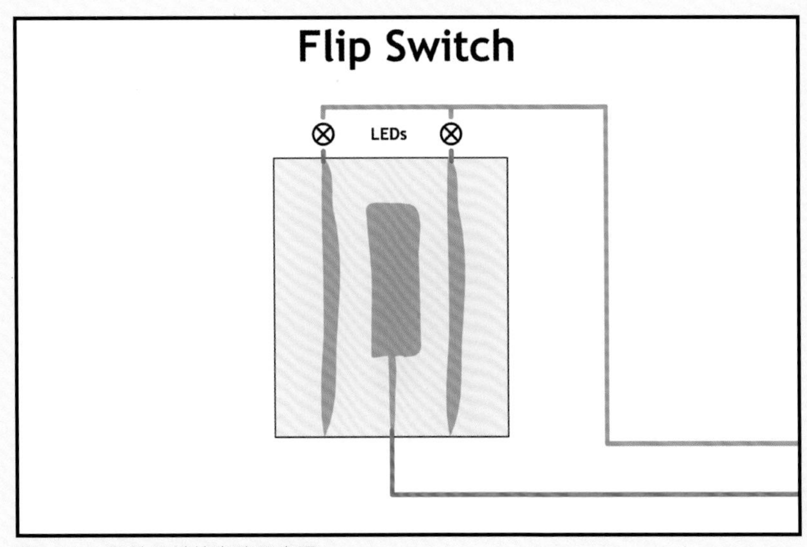

图2.17　翻转开关的电路示意图

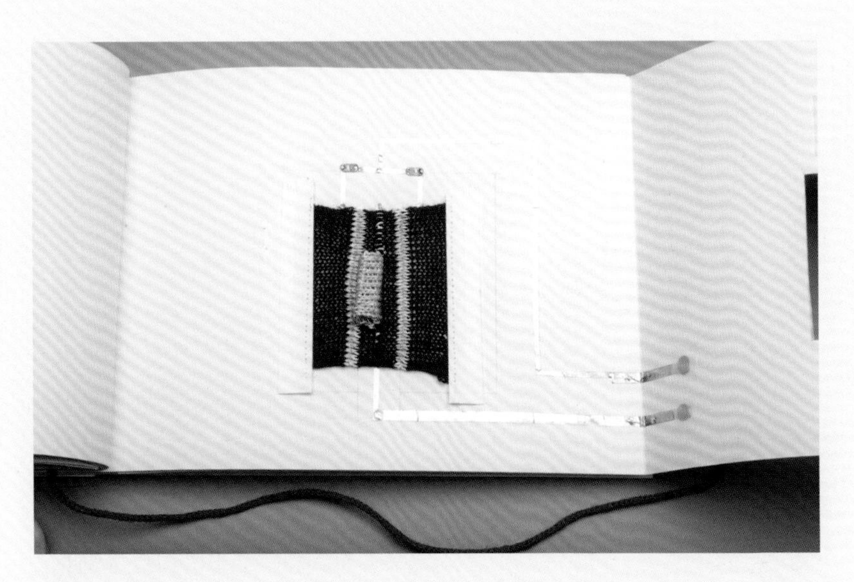

图2.18　用导电胶带实现的完整电路，该样品被展示在一本面料样本书中

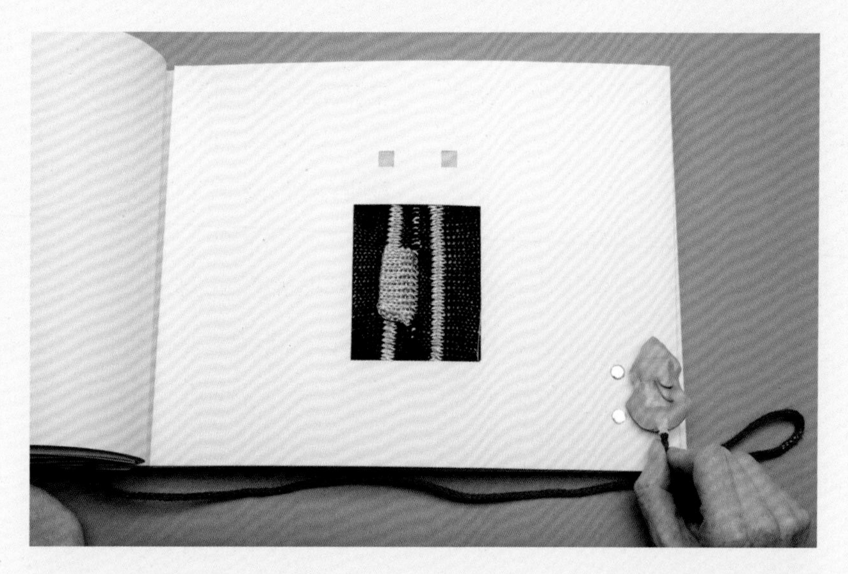

图2.19　翻转开关与电池连接

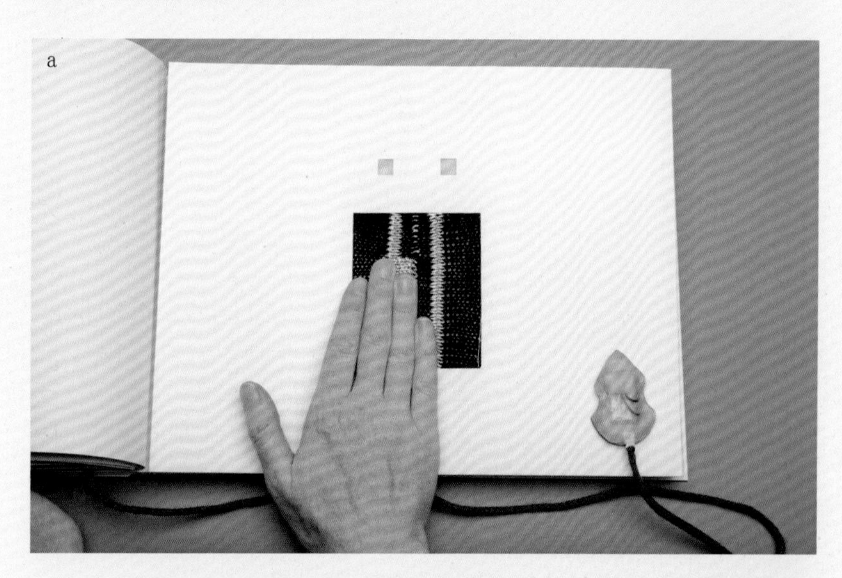

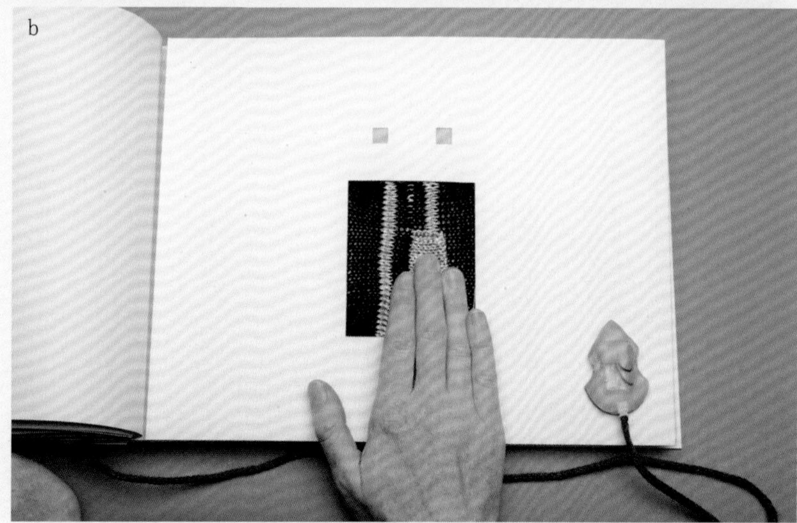

图2.20　当翻转片向左（a）右（b）翻转并碰触到导电条纹时，即形成电流，相应的LED灯就会亮起

开关的基底部分由非导电纱线编织而成，两条可导电的条纹由Karl-Grimm的粗银质导电纱线编织而成。电路将导电条纹连接到一红一绿两个表面贴装器件（SMD）LED灯的正极。

翻转开关通过一块伸出的导电翻转片进行控制，翻转片连接着电池的正极。当翻转片伸出并没有碰触到两侧的导电条纹时，电路是断开的，电流无法从电池流向LED灯。

这个样品开关用了一个3.7V的锂电池供电，锂电池被封装在热熔胶里，放在用激光切割的木质底座上，木板上有小孔，连接电路正极和负极的磁铁固定在小孔处。

图2.21　当压平翻转片使其变宽并同时接触到两侧的导电条纹时，两个LED灯就会同时亮起

访谈1

凯瑟琳娜·布雷迪思（翻转开关的合作发明者）

凯瑟琳娜·布雷迪思出生在德国的不莱梅，曾在不莱梅艺术学院学习综合设计。大学期间，她还做过产品设计师、3D建模师和动画设计师。凯瑟琳娜毕业于2006年，其毕业论文是关于控制系统分析在设计中的应用。她兴趣广泛，包括交互设计、设计理论的研究以及插画、动画和漫画。

2006年，凯瑟琳娜作为一名研究学者和博士研究生加入了德国电信实验室。她在博士论文中探究了刺激因素在设计中的价值，主要研究领域包括电子纺织品以及传统纺织品生产工艺与电子功能的结合技术。

作者：你做过产品设计师、3D建模师和动画设计师，是如何转到电子纺织品以及传统纺织品生产工艺与电子功能相结合的这个领域中来的呢？

凯瑟琳娜：我在求学期间学的是产品和界面设计，2007年进入德国电信实验室（一家位于柏林的专注于信息和通信技术的研究机构）做研究员的时候，又获得机会开始撰写有关设计研究的实践型博士学位论文。我对实验性的有形界面设计很感兴趣。2010年我开始策划博士论文中最后的设计作品，那时候Arduino Lilypad和导电缝纫线还是很新的东西，这些给了我很大的启示。我决定尝试以纺织品作为交互介质进行创作，因为它与传统电子产品有明显的不同。这也是我对传统纺织技术感兴趣的原因，古老的编织技术和现代的电子技术之间存在着如此有趣的对比。探索纺织材料的交互潜力是一项有趣的挑战，它们的柔软性能可以作为与计算机进行有形交互的一种特质。

作者：是什么引领你进行创作设计的？你是先从想做的电子产品开始，还是先从一个概念开始，然后寻找有助于实现这一愿景的技术？

凯瑟琳娜：当我开发纺织品传感器和开关时，通常是从概念出发，采用可作用于纺织材料的交互方式，比如折叠、揉皱或打结。对织物实施这些典型操作需要一个能参照的具体造型，因此我会画一些草图来说明交互对象的形状。在设计概念构想阶段，我也会思考如何用导电线或织物，或者用什么特别的工艺来构造作品。当然，如果构成整个电路的所有组件都能使用纤维材料，那就完美了，但目前这是不可能的。所以，一旦我知道了传感器和电路应该是什么样子，就能够确定我需要的其他电子元件。因此，设计的出发点介于电子产品和纺织品之间，最好是两者的结合。

作者：在最先进的电子技术和交互纺织品领域工作，你认为自己首先是一个设计师，还是技术创新者？

凯瑟琳娜：我认为自己是一个设计师，技术创新对我来说是设计的特殊形式。别人也可能认为这是把设计结合到技术创新中，这要看是谁来看待这个问题。

作者：以庞大的科技产业为先导，发展可穿戴技术是当今世界领先的创新产业之一。你认为设计可穿戴技术产品的最大挑战是什么？

凯瑟琳娜：在把可穿戴技术产品引入市场时，该行业面临的主要挑战是产品自身的牢固度以及产品是否能够机洗。但对我而言，更大的挑战一方面是采用纺织生产技术和电子材料，另一方面是要超越我们现在熟悉的纺织品形状。很多可穿戴产品都不是纺织品，而且就其用途而言，也并不需要用纺织品来做。结果可能发现可穿戴设备实际上并不是电子纺织品的最佳应用形式，因为纺织品在穿着的舒适性和耐用性方面都有很高的要求。

作者：在可穿戴产品创新性和功能性的竞争中，你希望在电子纺织品和新材料领域看到什么样的创新设计？

凯瑟琳娜：事实上，在光纤电源和半导体领域有很多有趣的研究，要是能买到这些材料并用于设计那就太好了。我希望能够编织我的电池和晶体管。

作者：你对于将我们的衣服、我们的配饰，甚至是我们的身体数据，时时刻刻连接到互联网有什么想法？

凯瑟琳娜：关于互联网的讨论已经持续了一段时间，我们可能会在未来几年看到这种情况发生。如何处理我们产生和分享的数据，对我来说，这是一个设计的问题，对此绝不可以粗心大意。必须注意，有时这些人为的发展被视为自然现象。我们将来可能会就有关个人资料的法律展开激烈辩论。我也很困惑是否要贡献个人数据进行数据积累，我自己还是倾向于让用户自己掌控他们的数据。

作者：对于那些还在犹豫要不要进入可穿戴技术的世界或要不要把技术融入时尚的年轻时装设计师，你有什么建议？

凯瑟琳娜：最好的办法就是，多和在这个领域工作的前辈接触，边看边学。也许在你居住的地方有这种为期一天的体验课程，或者参加某个会议时有这样的实践研讨会，这是获得第一手经验的好方法。现在也有很多硬件部件是现成的，方便使用，还有很多来自在线社区的支持。然而，与拥有相似背景的人交谈是很重要的，他们会告诉你最初和可穿戴技术打交道时有多困惑。

教程

本章介绍了电的基本原理，以及运用各种电子元件建立一个电路的相关知识。下面的教程将分步讲解软电路的构建技术。

这些教程提供的技术很简单，但功能强大。读者应该根据自己的设计理念来设计和创建电路。设计者可以按照个人的审美塑造电路，可以根据自己喜欢的颜色和期望的外观选取材料，可以通过一些表面处理方法掩盖或凸显部分导电引线、缝纫线或LED。别忘记：用户才是设计师！电子元件仅仅是帮助用户实现设计理念的工具而已。

教程1

缝纫线可见或不可见的基本软电路

本教程将用可缝合的LED灯制作两个不同的基本软电路。一个是在织物表面能看到导电线的，另一个则通过暗缝线隐藏了导电线。

用户可以根据本教程提供的基本技术创建个人电路，但不要因此使选用纺织材料和设计电路形状的想法受到束缚。用户应该根据自己的设计来创建电路。例如，本例设计了矩形的导电线路，而用户可以把它做成圆形的，也可以把LED灯放在离电池更近或更远的位置。无论选择哪种形状，用户都应该确保自己创建的闭合电路是完整的。

所需材料

织物、铅笔、导电缝纫线、纽扣电池、电池座、LED 灯、针（图 2.22）。准备的材料以及绘图工具可以有所不同，具体取决于用户选择的织物及其大小。

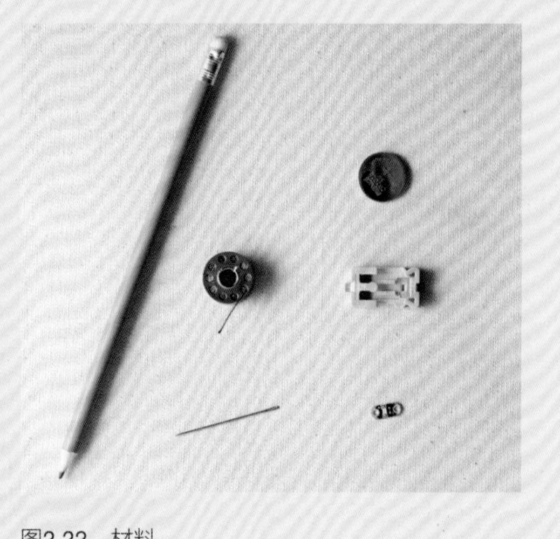

图2.22 材料

步骤1（图2.23）：根据设计定位电池座和LED灯，用铅笔或划粉为导电缝纫线勾画参考轮廓线。如果是在面料正面做标记，要确保这些记号可擦除。注意电池座和LED灯摆放的方向，要看清元件上“+”和“–”标记，电池座的负极应与LED灯的负极连接。

图2.23　步骤1

步骤2（图2.24）：从电池座开始缝起，确保缝纫线从电池座负极端导电部分的孔洞穿出，然后沿着铅笔印记缝到LED灯的负极上。

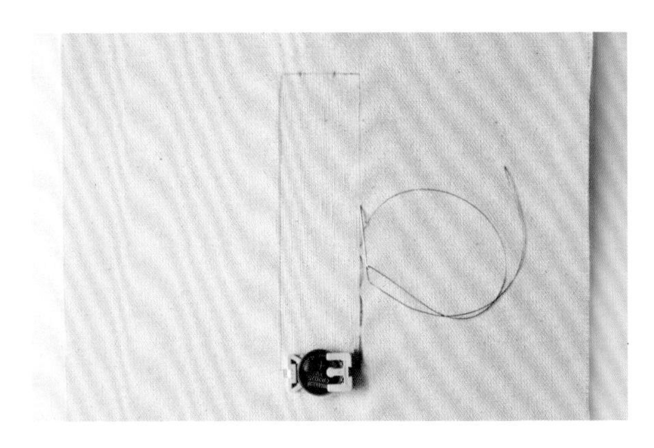

图2.24　步骤2

步骤3（图2.25）：继续缝纫至LED灯的负极，然后在LED灯的负极端头处绕缝几针后结束缝纫。

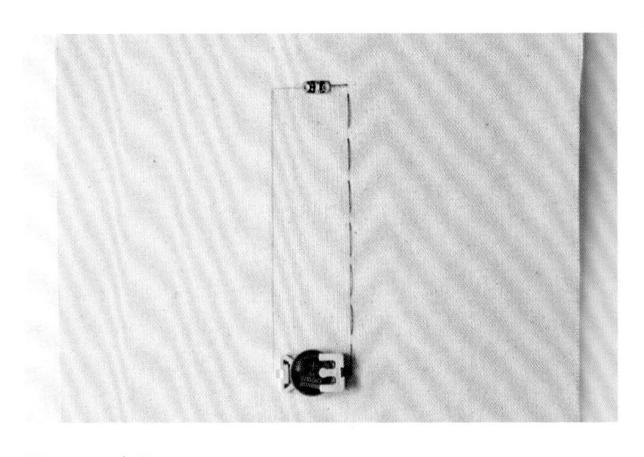

图2.25　步骤3

步骤4（图2.26）：在织物反面LED灯的两极端头处打结并剪断缝线。可以用胶水或专用固定胶固定线头。从LED灯的另一端起针，沿着勾画的路径朝电池方向缝纫。

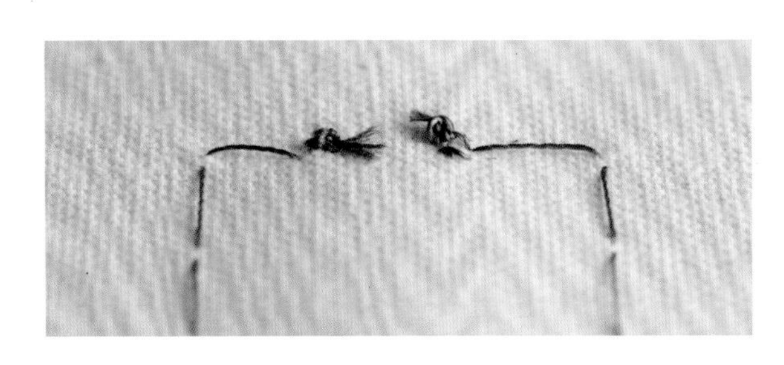

图2.26　步骤4

步骤5（图2.27）：导电线缝到电池座的导电端头后，在面料的反面打结固定，剪断缝线。从正面可以看到导电线，软电路制作完成。

图2.27　步骤5

步骤6（图2.28）：确定每个LED灯和电池座的两端上导电缝纫线都已打结固定好，然后在电路的反面用胶水或专用固定胶固定线结。不能有任何长线头，如果长线头松脱并接触到导线其他部位，会造成电路短路。

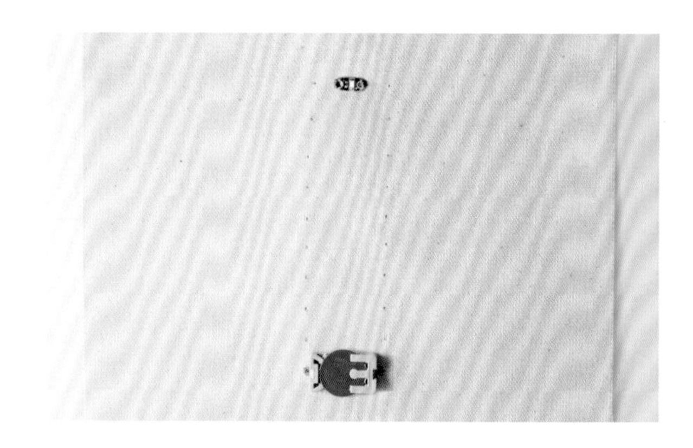

图2.28　步骤6：完成后的软电路背视图

可以用暗缝线迹再做一个相同的电路。使用相同的材料和相同的帆布面料，但是这次用暗缝针法缝制，这样在织物的正面就看不见导电缝纫线了（图2.29）。大多数情况下，为了保持设计的完整性，人们不希望在正面看到导电缝纫线。可以用这种方法来隐藏缝纫线迹，也可以在表面应用更具装饰性的线迹以体现设计的美感，这完全由用户决定。应用暗缝针的软电路背视图（图2.30）会显露出电路中大部分的导电线。

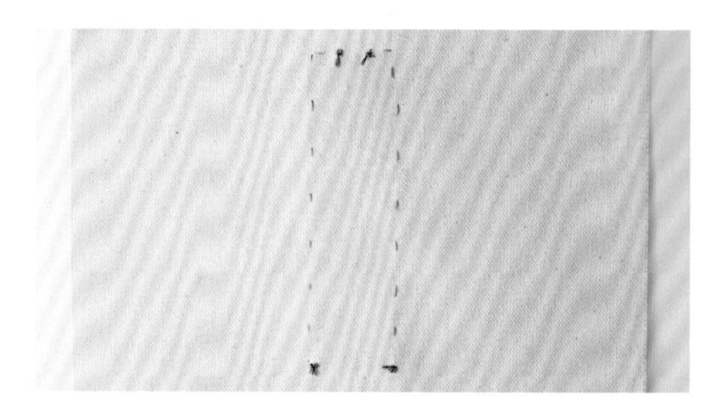

图2.29　暗缝针

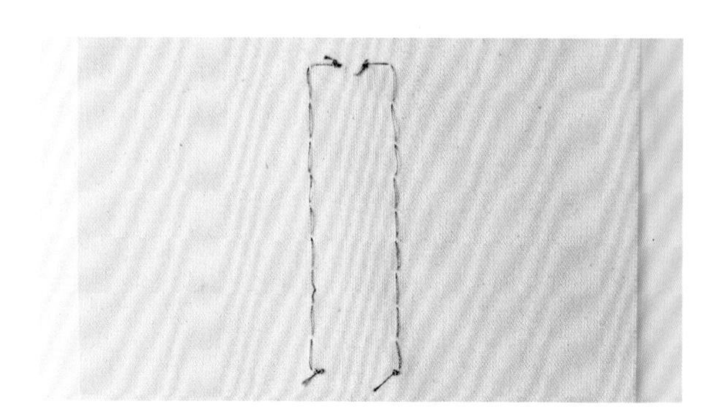

图2.30　应用暗缝针的软电路背视图

教程2

LED灯并联和串联软电路

本教程演示了如何构建LED灯并联软电路和串联软电路。构建并联软电路时，先将一个LED灯接入电源，然后再根据需要接入其他LED灯，但要注意，接入LED灯的数量会受到电池规格的限制。

所需材料

织物、铅笔、导电缝纫线、纽扣电池、电池座、三个 LED 灯、针。准备的材料可以有所不同，具体取决于用户选用的织物、绘图工具以及所需的 LED 灯的数量。

步骤1（图2.31）：应用教程1中演示的缝纫手法，将第一个LED灯与纽扣电池用暗缝针法连接起来，这样在织物的正面就看不到软电路的线迹。LED灯的正极和负极应分别与电池座的正极和负极连接。

a

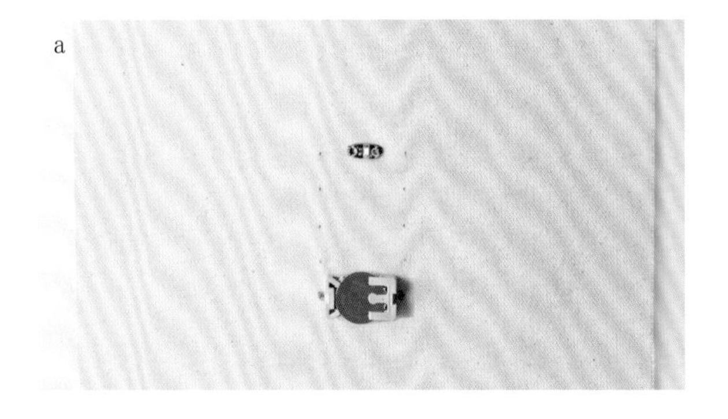

b

图2.31　步骤1

步骤2（图2.32）：并联加入第二个LED灯，就是将第二个LED灯的正极和负极分别与第一个LED灯的正极和负极相连。缝制时，先在电池至第一个LED灯之间的线迹某处小心地打个结，连接上新的导电线，然后缝至第二个LED灯的对应端。

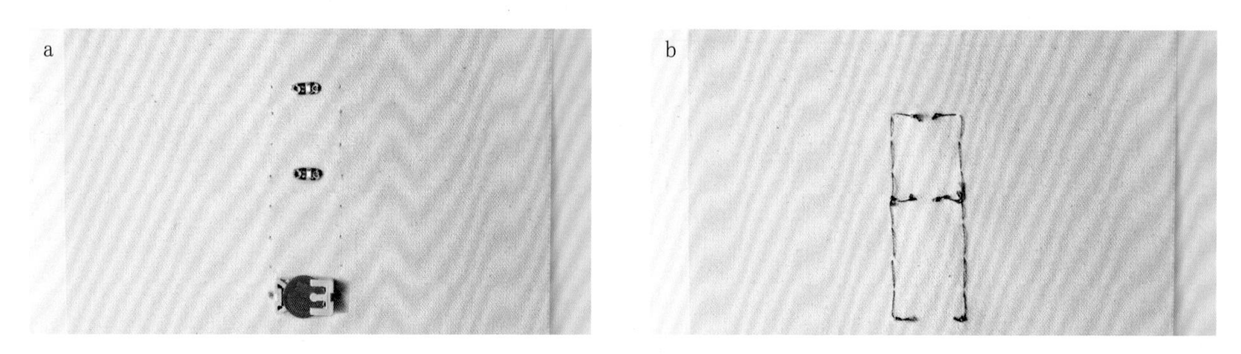

图2.32　步骤2

步骤3（图2.33）：使用相同的方法，加入第三个LED灯来创建这个软电路。这个电路示例说明，用同一个电池供电的电路中可以接入多个LED灯，只要它们用并联方式接入即可。

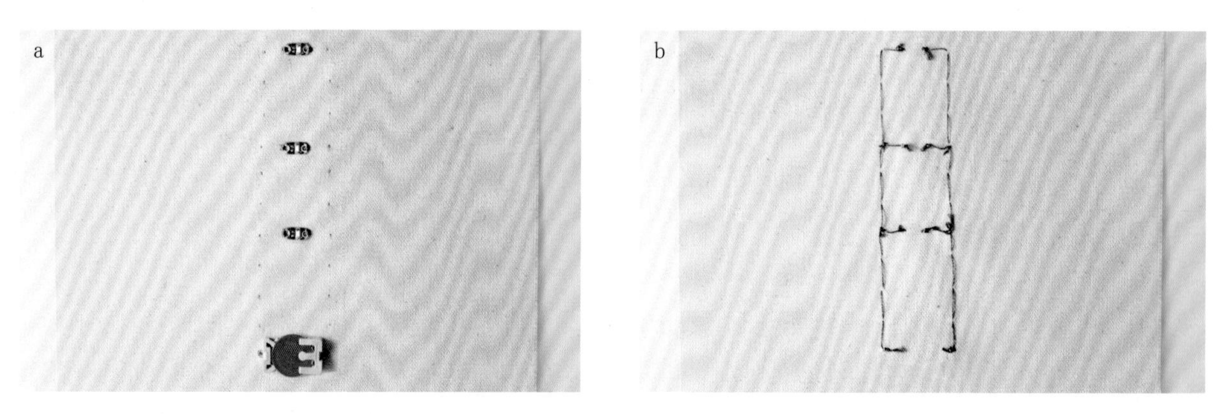

图2.33　步骤3

使用同样的材料和缝制工艺可以将LED灯串联在电路中，但必须增加电路的电量，否则就没有足够的电力来点亮电路。这里使用的纽扣电池只能供一个LED灯发光，所以加入多个LED灯的串联电路将会无法接通（图2.34）。

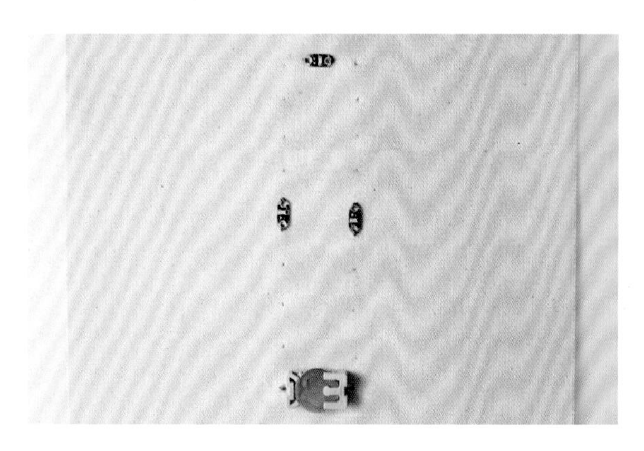

图2.34　失败的电路：一个纽扣电池无法提供足够的电能给多个串联的LED灯。必须增加电源来给电路供电

教程3

用短拉链制作瞬时开关（塑料拉链）和交互开关（金属拉链）

有些服装或者配饰上要用到短拉链，典型的例子有袖口处的拉链、服装或配件上的袋口拉链。在这种情况下，可以把软电路缝在拉链齿上。本例中将会演示两种不同的拉链开关：瞬时开关（用塑料齿拉链制作）和交互开关（用金属齿拉链制作）。本教程应用15cm长的拉链完成以上两种开关设计。

所需材料

瞬时开关所需材料：25×50cm 大小的织物、铅笔、导电缝纫线、纽扣电池、电池座、一个 LED 灯、针、15cm 长的塑料齿拉链。根据所选的织物、拉链的长度和绘图工具，准备的材料也可能有所不同。

交互开关所需材料：25×50cm 大小的织物、铅笔、导电缝纫线、纽扣电池、电池座、一个 LED 灯、针、15cm 长的金属齿拉链。同之前一样，根据所选的织物、拉链的长度和绘图工具，准备的材料也可能有所不同。

步骤1：做准备工作，将拉链缝在织物的两条短边（25cm的布边）上，并缝合剩余的短边，使织物形成一个筒。拉链底端到布筒的底边大概有10cm的距离，这段距离可以利用导电线缝制，从而形成闭合电路。准备好第二套面料和拉链，重复同样的制作过程。如果用于制作瞬时开关的拉链头上涂有油漆，则必须锉掉拉链头底部和侧边的油漆，露出金属部分，这样才能使其在接触点建立实际的连接。注意，油漆是绝缘的，会阻碍电流流经拉链头。

步骤2（图2.35）：摆放好LED灯和电池座，在两块织物的反面分别画出软电路的路径，并确保LED灯的正极与电池的正极相匹配。

a

b

图2.35　步骤2：（a）瞬时开关（塑料齿拉链），（b）交互开关（金属齿拉链）

步骤3（图2.36）：用暗缝针法从LED灯的引线端起针，缝到拉链齿处，把线在拉链齿间环绕几圈，以确保电路连接得更稳固。重复同样的步骤，缝制第二个开关样本。本教程选择将LED灯缝在两个样本的正面，将电池座缝在面料的反面隐藏起来。用户也可以将LED灯隐藏在面料的反面，或者把导电缝纫线缝在面料的正面。

a

b

图2.36　步骤3：（a）瞬时开关（塑料齿拉链），（b）交互开关（金属齿拉链）

步骤4（图2.37）：在面料反面用导电缝纫线将电池座缝在拉链对侧边。缝线时须注意，一定要与从对侧LED灯引出的导电缝纫线对合在同一点上，缝到拉链齿处，把线在拉链齿上多绕几圈，以确保电路连接得更稳固。对另一个样本重复上述步骤。

a

b

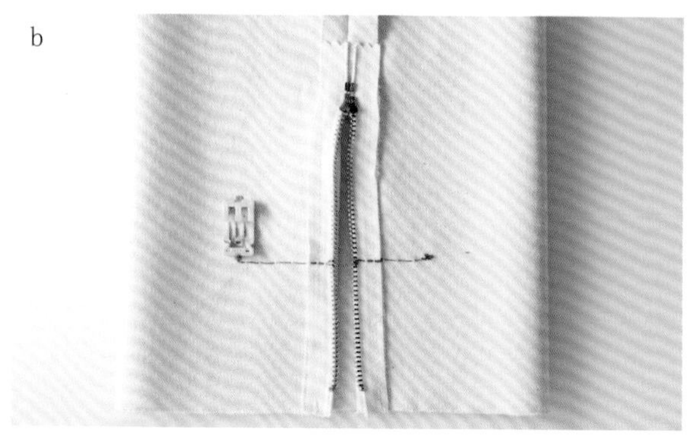

图2.37　步骤4：（a）瞬时开关（塑料齿拉链），（b）交互开关（金属齿拉链）

a

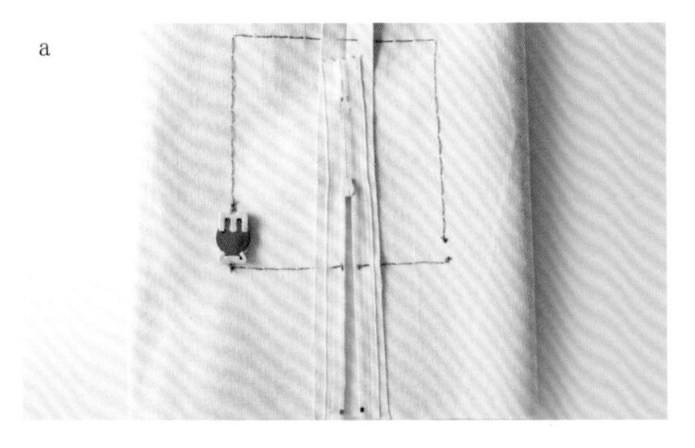

b

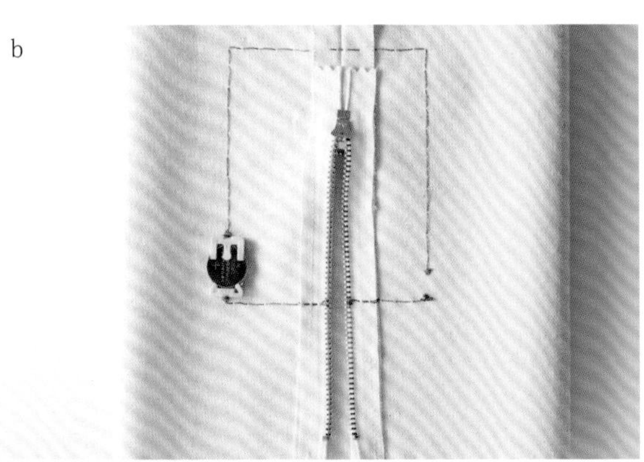

图2.38　步骤5：（a）瞬时开关（塑料齿拉链），（b）交互开关（金属齿拉链）

步骤5（图2.38）：从电池座开始向上缝制，经过拉链底端上部的面料，缝合到对面LED灯的引线端。这样便完成了整个电路的缝制。对另一个样本重复上述步骤。

a

b

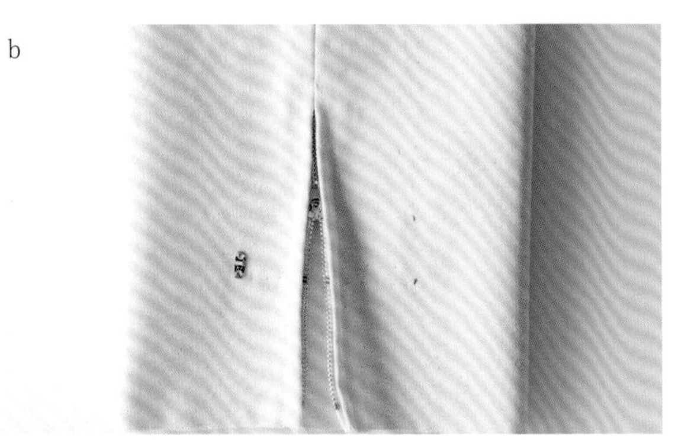

图2.39　（a）瞬时开关（塑料齿拉链），（b）交互开关（金属齿拉链）

当拉链拉开时，两个电路的开关都是断开的，此时LED灯不亮（图2.39）。

要接通瞬时开关的电路，必须将拉链头精准定位在从电池座和LED灯引出的导电线与拉链齿的接合点。只有接触到这一点，开关才能接通，LED灯才会亮起来（图2.40 a）。一旦拉链头拉过了这个接触点，开关就断开了，LED灯就会熄灭（图2.40 b）。

a

b

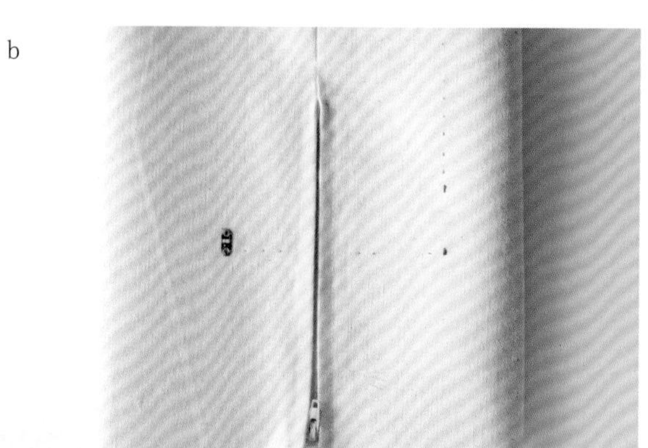

图2.40 （a）瞬时开关闭合，（b）瞬时开关断开

要接通交互开关的电路，必须将拉链头拉过从电池座和LED灯引出的导电线与拉链齿的接合点。拉链头经过接合点，开关接通，LED灯亮起。只要拉链闭合着，开关就会一直处于接通状态（图2.41）。

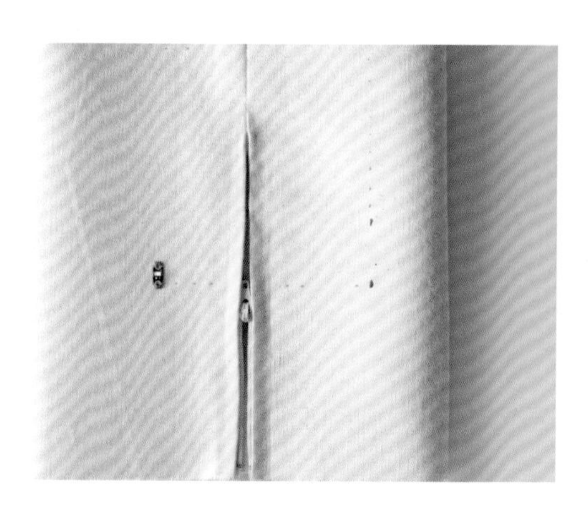

图2.41 交互开关接通

教程4

用长拉链制作瞬时开关（塑料拉链）和交互开关（金属拉链）

有些服装或者配饰必须使用长拉链，在这种情况下设计电路变得颇具挑战。比如，夹克前中心的开口拉链没有办法像短拉链那样把软电路缝在拉链齿上，因此必须围绕整个夹克一圈建立开关。这种方法同样适用于袖子，如果拉链太长，软电路可以绕手臂一圈。类似的情况在包袋或其他配饰中也可能出现。

本教程将介绍两种开关：瞬时开关（用塑料齿拉链制作）和交互开关（用金属齿拉链制作）。本教程将演示这两种开关的创建过程。

所需材料

瞬时开关所需材料：25×50cm 大小的织物、铅笔、导电缝纫线、纽扣电池、电池座、一个 LED 灯、针、与织物等长的 25cm 塑料拉链。根据所选的织物、拉链的长度和绘图工具，准备的材料也可能有所不同。

交互开关所需材料：25×50cm 大小的织物、铅笔、导电缝纫线、纽扣电池、电池座、一个 LED 灯、针、与织物等长的 25cm 金属拉链。同样地，根据所选的织物、拉链的长度和绘图工具，准备的材料也可能有所不同。

步骤1：做准备工作，将拉链缝在织物的短边上，拉链的尾端应到达织物的边缘，拉上拉链织物就形成筒状。

步骤2（图2.42）：摆放好LED灯和电池座，在两块织物的反面分别画出软电路的路径，并确保LED灯的正极与电池的正极相匹配。

a

b

图2.42　步骤2：（a）瞬时开关（塑料齿拉链），（b）交互开关（金属齿拉链）

步骤3（图2.43）：用暗缝针法从LED灯的引线端起针，缝到拉链齿处，把线在拉链齿间环绕几圈，以确保电路连接得更稳固。重复同样的步骤，缝制第二个开关样本。本教程选择将LED灯缝在两个样本的正面，将电池座缝在面料的反面隐藏起来。用户也可以将LED灯隐藏在面料的反面，或者把导电缝纫线缝在面料的正面。

a

b

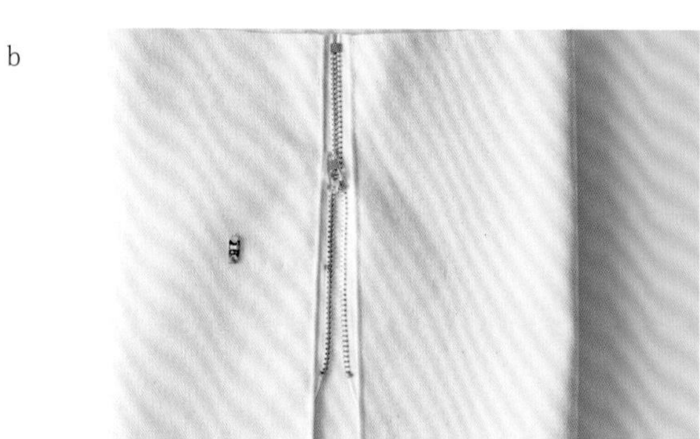

图2.43　步骤3：（a）瞬时开关（塑料齿拉链），（b）交互开关（金属齿拉链）

步骤4（图2.44）：把样本翻转过来露出面料反面，用导电缝纫线缝制电池座。缝线时须注意，一定要与从对侧LED灯引出的导电缝纫线对合在同一点上，缝到拉链齿处，把线在拉链齿上多绕几圈，以确保电路连接得更稳固。对另一个样本重复上述步骤。

a

b

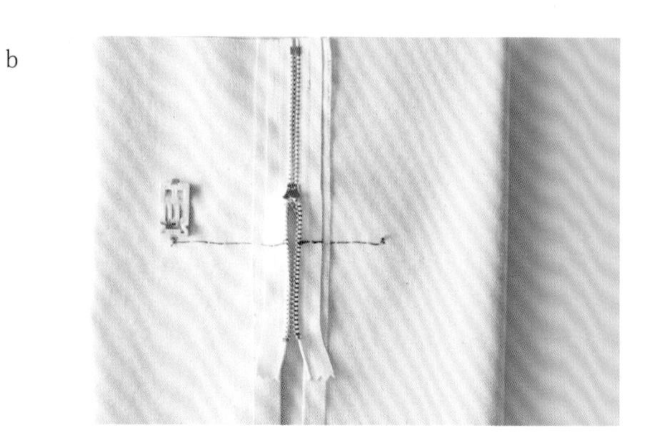

图2.44　步骤4：（a）瞬时开关（塑料齿拉链），（b）交替开关（金属齿拉链）

a

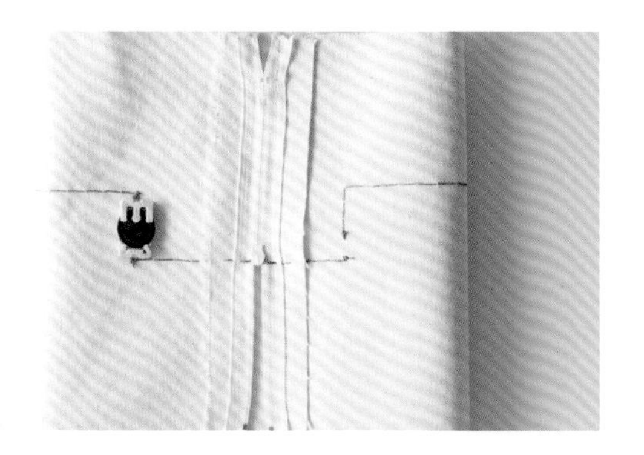

b

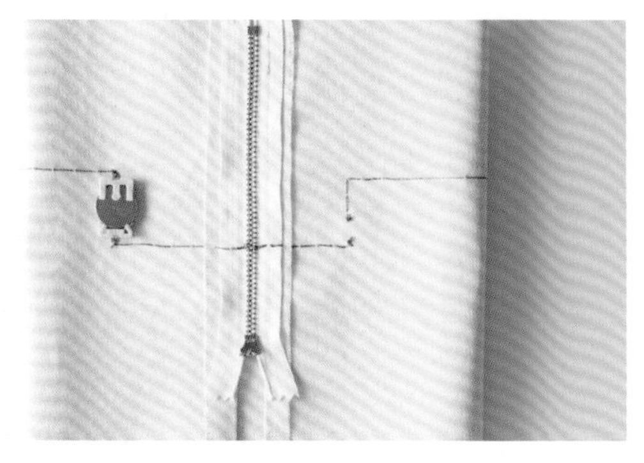

图2.45 步骤5：（a）瞬时开关（塑料齿拉链），（b）交互开关（金属齿拉链）

步骤5（图2.45）：从电池座的另一个引线端开始，继续缝制电路，绕布筒一圈一直缝到LED灯的另一个引线端。这样便完成了整个电路。对另一个样本重复上述步骤。

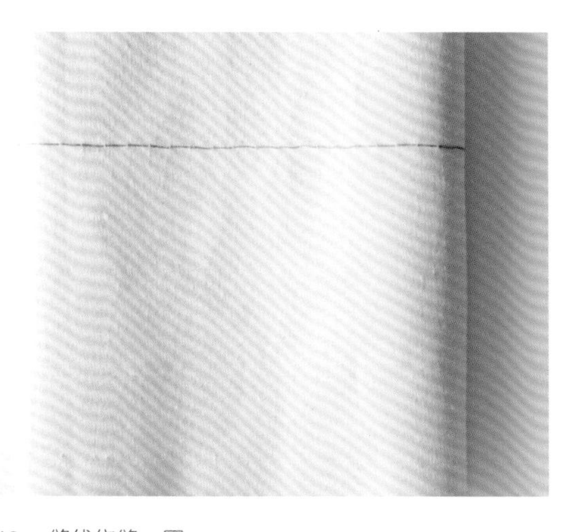

图2.46 缝线绕缝一圈

注意，导电线一定要绕布筒一圈，不管是瞬时开关还是交互开关（图2.46）。如果不喜欢正面露出线迹，就采用暗缝针法或者在表面设计纹理结构来隐藏线迹。当然，用户可以改变缝线的形状，以体现更好的设计效果，而不是简单地缝成直线和直角。

注意，越长、越复杂的电路越容易发生断裂。当拉链拉开时，这两个电路的开关都是断开的，LED灯不亮（图2.47）。

a

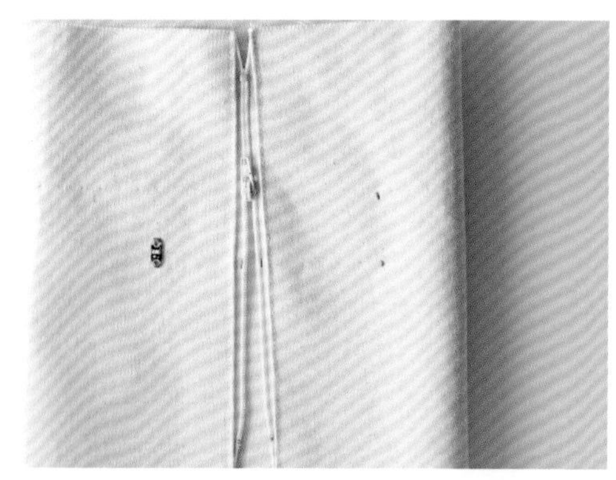

b

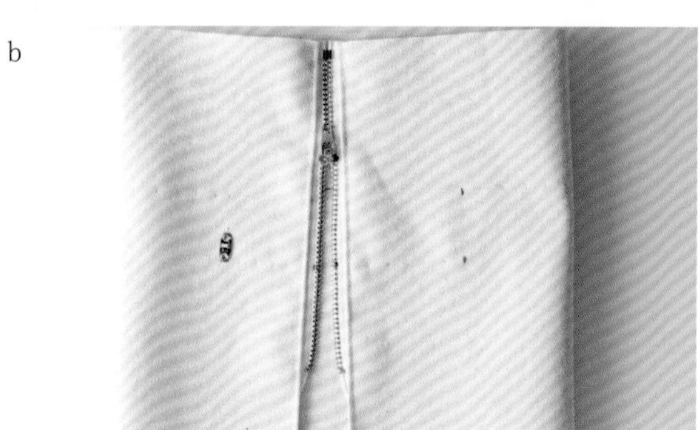

图2.47 （a）瞬时开关（塑料齿拉链），（b）交互开关（金属齿拉链）

要接通瞬时开关的电路，必须将拉链头精准定位在从电池座和LED灯引出的导电缝纫线与拉链齿的接合点，只有接触到这一点，开关才能接通，LED灯才会亮起来（图2.48 a）。一旦拉链头拉过了这个接触点，开关就断开了，LED灯就会熄灭（图2.48 b）。

a

b

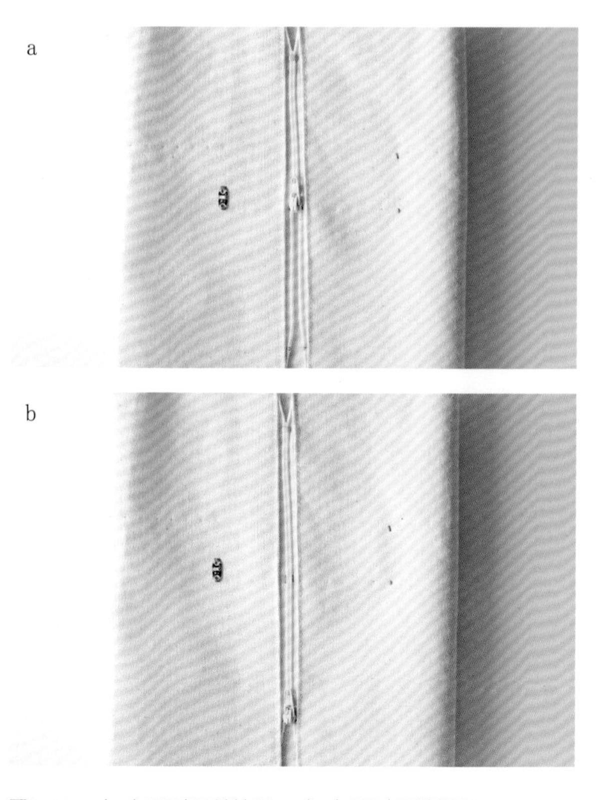

图2.48 （a）瞬时开关接通，（b）瞬时开关断开

图2.49　交互开关接通

要接通交互开关的电路，须将拉链头拉过从电池座和LED灯引出的导电缝纫线与拉链齿的接合点。拉链头经过接合点，开关接通，LED灯亮起。只要拉链闭合着，开关就会一直处于接通状态（图2.49）。本教程中的拉链头涂有白漆，因此必须锉掉部分白漆，露出金属部分，这样才能使其在接触点连接导电。

访谈2

KOBAKANT工作室

米卡·萨托米（Mika Satomi）与汉娜·佩尔纳-威尔逊（图2.50）从2006年开始合作，并于2008年创立了KOBAKANT工作室。正如网站（www.Kobakant.at）上介绍的："她们的工作是探索以纺织工艺品和电子技术为媒介，与当今高科技社会的技术层面对话。KOBAKANT相信技术的幽默精神，她们的作品经常表达出一种对纺织工艺品和电子工程技术之陈词滥调的批判。KOBAKANT坚信现有技术难题是可以攻克的，每个人都可以制造和改造技术，以便更好地满足个人的需求和欲望。"汉娜和米卡一直走在软电路纺织品领域的前沿，同时也在探索工艺技术、开发教程，并在世界各地举办研讨会。

作者：汉娜，你的教育背景是工业设计和媒体艺术与科学，是什么引领你走进电子纺织和可穿戴计算领域的？

汉娜：在学习工业设计期间，我接触和了解了各种模型制作材料，并且根据设计草图应用这些材料制作了模型样品。在上了一门关于传感器技术的课程后，我很震惊也大受启发，这才发现原来还可以自己制作电子元件。我喜欢做的不是模拟样品，而是有实际功能的电子产品。事实上，我制作产品是从原材料开始，而不是去买一些现成的标准电子元件，我所说的原材料是铜带、泡沫炭、导电织物、电阻丝之类的东西，这意味着我得自己连接电路并解决材料间的兼容问题。为了发明创造不寻常的技术，我要解决各种制作工艺问题，正是这种挑战吸引我跨入这个行业。在奥地利取得学士学位后，我很奢侈地花了一年时间进行实践探索，在我的公寓成立了一个工作室，试验制作产品。每天接触计算机技术，与我能接触到的所有不寻常的导电材料打交道，这些经历激发着我今天许多作品的灵感。

图2.50　米卡·萨托米（左）和汉娜·佩尔纳-威尔逊（右）

作者：米卡，你主修的是平面设计与媒体创作，曾经是瑞典纺织学院智能纺织品设计实验室的研究员。请告诉我们你是如何以及为什么进入电子纺织品、软电路和可穿戴技术领域的？

米卡：我第一次邂逅可穿戴技术概念是在2006年，当时我在奥地利的林茨艺术与工业设计大学参加一门课程。同年晚些时候，我和汉娜启动了一个叫"Massage Me"的项目，在这个项目中，我们在夹克的后背嵌入了PlayStation的游戏控制器。在项目研发的过程中，我们接触到了导电纺织材料，从此开始探索应用导电纺织品实现软电路的方法。从2009年春天到夏末，我们在苏格兰的远程实验室里做研究，在那里我们建立了一个关于软电路的原材料和制作工艺的数据库，取名为"如何得到你想要的"（How To Get What You Want）。在这段时间里，我们花了大量时间试验各种材料、工具和工艺技术，并构建了数据库的基本框架。我们仍在不断更新这个数据库，这是迄今为止我们工作中的一个重要部分。在远程实验室的工作结束后，我非常有幸地在智能纺织品设计实验室与一群受过专业训练的纺织品设计师一起工作，主要研究智能纺织品。这个实验室就设在一所纺织院校中，专门研究能应用于电子纺织品的纺织材料和工艺技术。在那里我深入了解了纺织加工技术，如机织、针织、印花和染色。在学校里我们还能接触到工业纺织设备，探索用不同加工工艺制作不同规格的试验样品。例如，当汉娜以客座研究学者的身份来到实验室访学时，我们一起用工业提花织布机织造了一组导电织物，该实验的成果为一个电子纺织品系列，取名为“Involving the Machines”。

作者：你们两位从2006年开始就一直在纺织工艺与电子产品方面进行合作，还创办了现在著名的KOBAKANT工作室。你们之间的合作是如何开始的，这些年又是如何发展的呢？

米卡：在合作的最初几年里，我们并不是一直生活在同一个城市，很多项目需要在短时间内集中制作完成，我们经常以艺术家的身份到某个研究所去工作一段时间或者去看望对方几周，就这样聚到一起完成项目。从去年开始，我们在同一个城市生活，并合开了一间工作室。

作者：关于纺织工艺和电子产品，你们的设计理念和制作方法是什么？

汉娜：我喜欢探索与众不同的做事方式，做不同的事情让我感觉更冒险更刺激，但我也十分理性地相信，在任何实践中创造多样性都有巨大的价值。在我看来，“经典”的电子工程技术就是把电子功能拆解为“部件”，再把它们以最优的方式组合起来，并形成非常标准化的、流水线式的加工过程。我想要创造利用其他材料、工艺和技术制作电子产品的不同方法。

米卡：对我来说，就是自己动手（DIY）。我是一个控制狂，我喜欢自己亲手完成整个过程，也就是说，我从零开始制作电子产品，从不购买现成的电子元件。从纺织品到传感器再到电路都亲力亲为自己制作，这种方式很适合我。我们在简介中有写道：“KOBAKANT相信技术的幽默精神”，可以说这就是我们的理念。

作者：你们在世界各地开展和讲授的研讨会数不胜数，最喜欢的是哪一次？为什么？

汉娜：我最喜欢的研讨会是那些从拆解现有的电子设备开始创作的研讨会。打开一个设计好的、功能强大的对象来理解它的工作方式，感觉就像是一种理解技术的直观方法。它还鼓励一种更具探索性的方法——边做边学（learning-by-doing）。这也解释了为什么用纺织品制作电子产品是一种不同的方法，这是一种将功能嵌入材料的方法，而不是把功能打包在黑匣子中。

米卡：研讨会的时长短则几个小时，长则贯穿整个学期的大学课程。短时间的研讨会很有趣，可以看到新手们展现出能在很短的时间内简单地应用材料和工艺完成创作的能力。但是我更喜欢长时间的研讨会，特别是贯穿学期的课程，因为这样就可以通过每次课程跟踪某个作品的完整开发过程。在这些时间较长的课程上，往往可以针对工艺技术进行深入探讨，围绕某个主题展开讨论，能够参与其中我感到非常高兴。

作者：你们在DIY电子工艺与可穿戴技术社区特别活跃，你们认为这个领域的创新发展的吸引力是什么？人们为什么会被它吸引呢？

汉娜：与任何新事物一样，人们会被其新奇之处吸引，但原因各不相同。有些人很兴奋地让事情运转起来，解决技术、材料、集成和制造问题；有些人则在设计应用程序，推测未来软电路和可穿戴技术将无处不在。大家进入DIY这个领域的动力，正是每个人都可以靠自己或和他人一起来创造、想像并实现这些项目，而作品无需迎合任何人的喜好。我认为 DIY 社区是一个非常个性化的创意表达平台，也是创新的源泉。

作者：你们已经开发了很多定制传感器和控制器，那么相对于传统制造业生产的零部件，手工制作的传感器有什么价值?

汉娜：好问题。其实批量化生产的部件最开始也是手工制造的，只是经过优化和标准化后变成了可以批量生产的基础组件。对我来说，手工制作零部件的价值在于我们不依赖基础组件来构建电子产品，你可以控制其形状、大小、颜色和材质，甚至是设计中的最微小的细节。只要你的思维足够活跃，你的设计一定是独一无二的。

米卡：在开展项目工作时，你可能想要或需要用到自己设计的特定形状、颜色、纹理或功能。比如你要给自己设计的衣服挑选纽扣，你可以去商店买，但也可以为了搭配你的设计自己做。就像汉娜说的，在设计的过程中，你经常要用到一些非常规的，甚至是不存在的基础组件。因此，你需要自己动手设计零部件，或者不用任何基础组件直接进行设计。自己动手做传感器的价值就在于可以追求自己的设计，而不受现成组件的限制。

作者：在软电路和电子领域，你们希望看到什么样的技术创新?

汉娜：我希望能够强调电的物质性，不要把电阻器看作是一个部件，而是作为一种材料，可以对材料进行切割、铸造、混合和雕刻，从而得到想要的阻值和形状。我也相信，这种方法提供了理解和参与技术的另类方式，将会给我们身边的电子产品带来更丰富的多样性。

米卡：我希望看到电子纺织品的技术和材料得到更专业的发展。目前，我们使用的许多组件、技术和工具都是从传统的电子实践或纺织实践中借鉴来的，这些实践在一定程度上都是有限制的。我在想，是不是有什么新方法，比如用针织、机织或立裁等方法设计制作电子纺织品。新的方法是否会给我们带来现在无法想象的全新外观和功能呢？这真让人神往。

作者：对于那些犹豫不决、不太情愿与科技和电子产品打交道的时装设计师，你有什么建议？

汉娜：一步步来。可以先从简单的装置开始，比如一个自行车车灯，或者一个能发出声音的小装置。尝试着用你擅长的材料来替换这些简单装置中的零部件，把你看到的画下来，从失败的实验中总结经验，不要轻易放弃。测试产品时要有足够的耐心，这是一项非常宝贵的技能。把你的工作记录下来，与他人分享。

米卡：不知道是幸运还是不幸，电子产品不会“思考”或者“猜想”。当事情不奏效时，通常会有一个合乎逻辑的解释。它并不是“不想工作”，而是猜不出你的意思。看似复杂的事情其实是简单逻辑的积累。面料覆于三维人体上如何垂荡下来，这是一个远比大多数电路复杂得多的系统问题。唯一的困难只是你不习惯这个电路系统罢了，所以耐心点，试着去适应比特和字节的逻辑，就像熟悉面料一样，你会熟悉这个系统的。

内容回顾

1. 电流是什么？电流有哪两种？
2. 说出电路的基础组件名称。
3. 闭合电路和断开电路的区别是什么？
4. 元件如何在并联和串联电路中布线？
5. 使用柔性电路的主要好处是什么？
6. 如何改变定值电阻器的电阻值？
7. 开关的功能是什么？
8. 瞬时开关和交互开关有什么区别？

讨论

1. 有哪些传统的服装部件能够成功地用在衣服的闭合电路中？
2. 哪些部件可用来做开关？为什么？
3. 为什么将闭合、断开电路的功能集成到服装中很重要？
4. 如何为软电路供电？如何将电源集成到服装或配件中？

延伸阅读书籍推荐

Hartman, Kate. Make: *Wearable Electronics: Design, Prototype, and Wear Your Own Interactive Garments*. Sebastopol: Maker Media, 2014.

Pakhchyan, Syuzi. *Fashioning Technology: A DIY Intro to Smart Crafting*. Sebastopol, CA: Make, 2008.

O' Sullivan, Dan, and Tom Igoe. *Physical Computing: Sensing and Controlling the Physical World with Computers*. Boston: Thomson, 2004.

在线参考资源

Bredies, Katharina, Design Research Lab, http://www.design-research-lab.org/persons/katharina-bredies/, Web. 17 June 2015.

Igoe, Tom, ITP Physical Computing, https://itp.nyu.edu/physcomp/, Web 17 June 2015.

Satomi, Mika, and Perner-Wilson, Hannah, KOBAKANT, http://www.kobakant.at/, Web. 17 June 2015.

第3章

如何应用导电和反应材料进行设计

本章主要介绍导电和反应材料，以及它们在时装和配饰设计中的应用。常见的导电材料包括导电织物、导电缝纫线、导电颜料和导电胶带。反应材料对紫外线、温度变化和与水接触有反应，包括热变色、光变色和水变色的墨水、珠子、绣花线或纱线。

读完本章读者能够：

- 了解可以应用到时尚与科技领域的导电和反应材料，并熟悉它们的特殊性能
- 了解热变色和水变色墨水的变色条件，以及如何将其应用于纺织品
- 学习如何应用反应材料进行服装和配饰设计

学习各种导电和反应材料的知识能为设计提供信息，为创建带有电子元件的交互服装的软电路提供帮助。设计师的设计理念是产品设计的驱动力，设计师必须衡量如何应用这些材料提升自己的设计。了解各种反应材料并且学习如何将它们集成到设计中，是实现视觉创新和功能设计的关键。下列问题可以指导设计师开展具体的工作：

- 哪些导电材料可以创建闭合电路，让电流不间断流动？
- 哪些传统的服装材料或五金件具有导电性，可以用于软电路的设计？
- 什么材料有助于提升个人的设计理念？
- 如何应用现有的导电材料创作引人注目的表面纹理效果，同时又能保持电路闭合？
- 是否能在设计中加入导电材料或五金件的开关元件？
- 哪种导电材料或反应材料与个人设计作品中选用的材料搭配效果最好？
- 反应材料与外部触发器的相互作用是否与个人的整体设计理念相关？

导电材料

导电材料种类繁多，有极细的缝纫线，也有织物、凝胶、涂料和胶带，它们都是用能导电的材料制成的。每种材料的电阻值不一样，应当仔细选择以获得最佳性能。以下都是与服装相关的作品中最常用的导电材料。

导电缝纫线和导电纱线

导电缝纫线像电线一样承载电流，可由电镀银丝或不锈钢丝加捻纺成。电镀银缝纫线容易失去光泽变灰暗，因此最好选用不锈钢缝纫线。电子时尚项目中最常用的导电缝纫线由两股或三股纱线加捻而成，可以用于手工缝制和机器缝纫。导电缝纫线的线轴规格有很多，有些已经缠绕在梭芯上（图3.1）。导电缝纫线有点儿硬，不是非常结实，且容易打结，但用于服装上效果很好。由不锈钢纤维制成的导电缝纫线不会像电镀银缝纫线那样容易被氧化，而且可以洗涤。导电缝纫线最初只作工业应用，但随着时尚和技术市场的增长，很多分销商都在销售这种不锈钢缝纫线，很容易在网上找到。

在时尚和科技项目中，导电纱线通常用于针织、钩边、机织和刺绣。导电纱线可与常规纱线混合编织以实现不同阻值的电阻。导电纱线可以编织成手套的指尖部位，用于触控电子设备。导电纱线也可以用于刺绣，做出某种表面设计效果，并包含在一个隐藏的软电路中。国际时尚机器公司开发的POM POM™调光器，就是应用导电纱线的一个很好的例子（图3.2）。POM POM™调光器由导电纱线制成，可以做成任何颜色的纹理结构，放置在传统开关所在的位置上。正因为它使用纱线做成，所以很柔软，摸起来很舒服。用

图3.1　两股和三股导电缝纫线的线轴和梭芯

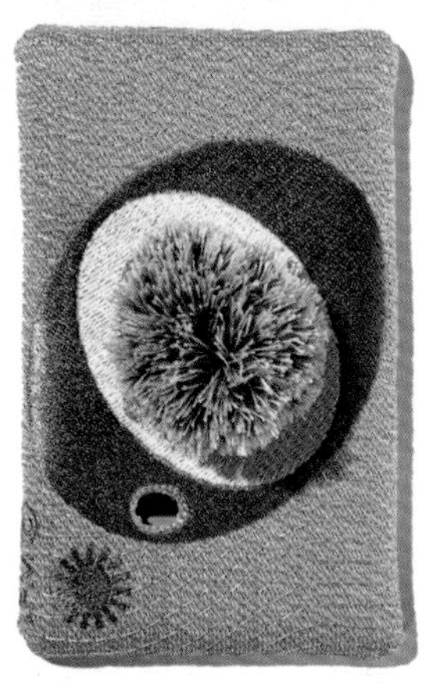
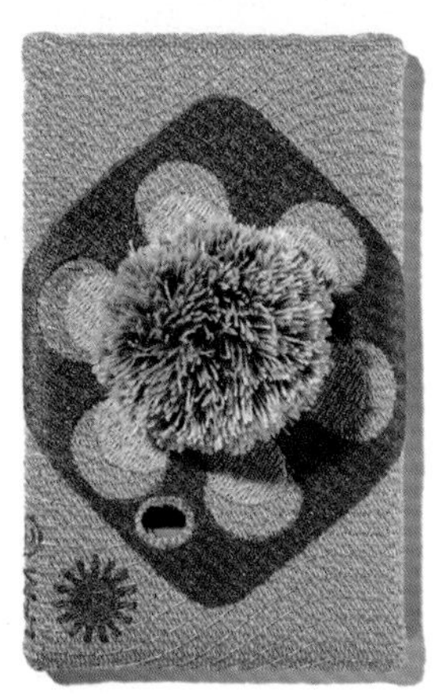

图3.2　POM POM™墙壁调光器是国际时尚机器公司的早期产品。它是由导电纱线制成的电容性电子织物传感器，可以感应触摸。用户可以通过轻拍POM POM来开灯、关灯，或是按住它调节灯光亮度

户可以通过轻拍POM POM来操控房间里的灯，如开灯、关灯或调节明暗等。

导电羊毛

导电羊毛由极细的导电钢丝与天然羊毛或聚酯纤维混纺而成（图3.3）。羊毛的制毡效果非常好，可以顺利制作成压敏可变电阻器，用在软电路中。

导电织物

导电织物可以是梭织物也可以是针织物，其结构变化多样，有超细的透明网眼布，也有结构密实的织物，如镍/铜尼龙织物，甚至还有纯铜聚酯塔夫绸（图3.4）。在大多数情况下，导电织物是可水洗的，也可以像其他面料一样裁剪和缝制。100%的外科用钢纤维可以编织成强度高、质地柔软的针织物，而且能透气、抗腐蚀、能导电、可洗涤。

有些导电织物是由导电材料与天然材料混纺或复合而成的，例如由纯棉与导电银制成的面料触感柔软，贴着皮肤很舒服。用复合工艺制作的面料可以创造出更多的功能组合。很多导电织物可以用激光切割，做出按要求定制的或装饰性的软电路。

图3.3　导电羊毛

图3.4　导电织物包括弹力针织汗布、各种梭织面料，如防裂织物和镀银尼龙布

导电粘扣带

粘扣带，一种类似于尼龙搭扣的钩环扣，当其经过镀银处理后就可以制成导电粘扣带（图3.5）。它最常见的用途是开关，或是需要打开和关闭的连接件。用户也可以用尼龙搭扣自制导电粘扣带，在粘扣带有钩的一面编入导电线并使其嵌在粘钩间，在有环的一面缝上一些导电线即可。

图3.5 导电粘扣带

导电胶带

最常见的导电胶带是铜和铝胶带，它们有各种宽度，铜箔胶带最细的宽度是3mm（图3.6）。有些导电胶带附有导电粘合剂，只要简单地将两端重叠就能连接起来，达到非常好的导电效果。这类胶带可用来连接电源和各种电子部件。胶带因为有粘附性而方便使用，可以粘贴在不同的表面上，而且在低温下可以直接粘附在物体表面。用导电胶带制作样品模型特别棒，因为用胶带很快就能将各部件连接起来组装成模型。

图3.6 各种不同宽度的铜导电胶带

导电颜料和墨水

导电颜料和墨水是含有铜、碳或银的化合物，通常是液态的，可以用毛笔（毛刷）蘸着用，或抽吸到钢笔中用（图3.7）。如Bare Conductive和CircuitWorks®等很多公司都出售这种钢笔。CircuitWorks®制作的钢笔最初是用来修复电路的，不太适合用在织物上。Bare Conductive制造的Bare Pens是一款非常棒的电子建模工具，用在纸张、牛皮纸板、木材和一些橡胶、塑料上，效果都很好。导电颜料在室温下就可以快速风干，而且很容易用肥皂水洗掉。如需用于纺织品，建议单独对每种织物或材料进行测试，以获得最佳效果。Bare Pens的优势在于其墨水无毒且是水溶性的，使用时不必戴手套和面具。这类颜料有一个众所周知的问题，就是它们会因磨损而开裂，有可能会造成电路中断。为了避免发生断裂，可以将导电颜料与延展性好的材料如织物介质、硅胶或胶乳混合，这种新的混合颜料喷印或涂画在织物上时，会表现出更好的柔韧性。

图3.7 罐装的Bare Conductive导电涂料，可用毛刷蘸着用或用于丝网印刷，也可以抽吸到钢笔吸管中用

金属扣合件

在服装产业中，传统服装所用的配件一般是金属扣合件，所以很容易改造制作电路。可用于制作电路的扣合件有拉链（拉链底布导电或不导电均可）、粘合扣、钩扣和纽扣。

钩扣

钩扣是广泛用于高级服装的一种传统扣合件（图3.8）。这种钩扣可以单独组装在拉链上端做扣锁固定，也可以两组或三组一起应用，装在衬衫的背面或裙、裤的后腰上。钩扣通常装在两个分离的衣片上，一边装钩眼，另一边装钩扣，可以用在紧身胸衣或其他精致的内衣上。钩眼可以是直的也可以是圆的，直钩眼用于钩扣需要充分隐藏的情形，而圆形的钩眼用在服装的正面时会略微显露出来。

钩扣由镀镍钢制成，具有导电性，因此能巧妙地变成服装上电路的开关。不要使用包了塑料和有涂漆的钩扣件。镍表面额外的包覆层会阻止电流经过，那么钩扣就不能导电了。别忘了要用导电线缝制钩扣件，否则电流无法流过软电路。有关详细信息，请参阅本章末尾的教程。

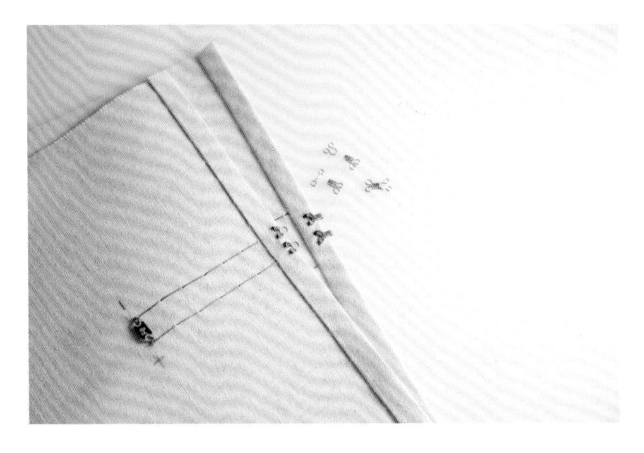

图3.8　可导电的金属钩扣

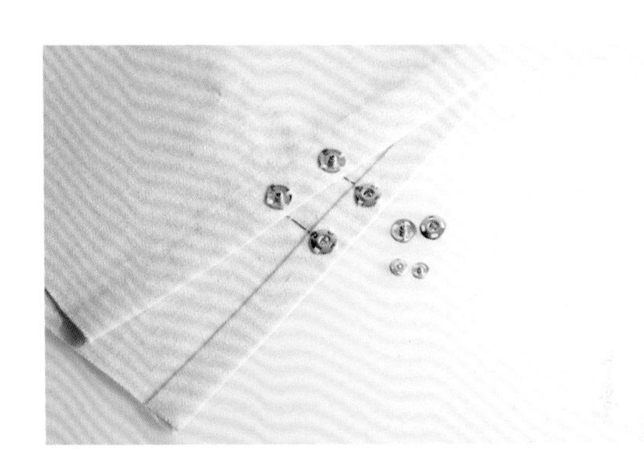

图3.9　可导电的手缝按扣

手缝按扣

手缝按扣也广泛用于各类服装上，从轻薄的衬衫到厚重的外套都会用到（图3.9）。按扣的尺寸从0.6cm到2.5cm都有，规格不一，还可以定制。软电路可以使用镀镍黄铜或黄铜按扣，但搪瓷和油漆涂层的按扣是不导电的，应避免使用。注意，务必要使用导电线缝制按扣。用普通缝纫线缝制会在软电路中造成断路，从而导致电流无法流过。

拉链

如第2章所述，金属齿的拉链是非常好的导电体，可用来做电路开关。在第2章关于拉链开关的教程中，谈到了拉链的不同应用方法和使用建议。塑料齿的拉链只要是金属拉头也可以做成瞬时开关。请参阅塑料拉链开关的制作教程，以了解如何自己创建拉链开关的详细信息。

反应材料

反应材料是指所有受到外界触发后以某种方式发生变化的材料。反应材料形式各异，包括从纺织品到缝线、纱线、颜料、树脂等多种材料。本章讨论的材料可以成功地用于时装或配饰设计项目。

热变色涂料

热变色涂料是指所有会因温度变化而改变颜色的颜料或染料（图3.10）。制作涂料时可设定不同的温度，涂料会在预定温度下发生变化，出现不同的颜色或无色状态。利用这种性能，可以使涂在底层的涂料颜色或者基底织物显露出来。还可以在织物或硬物的表面重复涂抹多层具有不同温度阈值的涂料，从而创造出具有动态视觉效果的印花。每一层涂料会在不同温度下被激活，产生一种不断变化的设计效果。

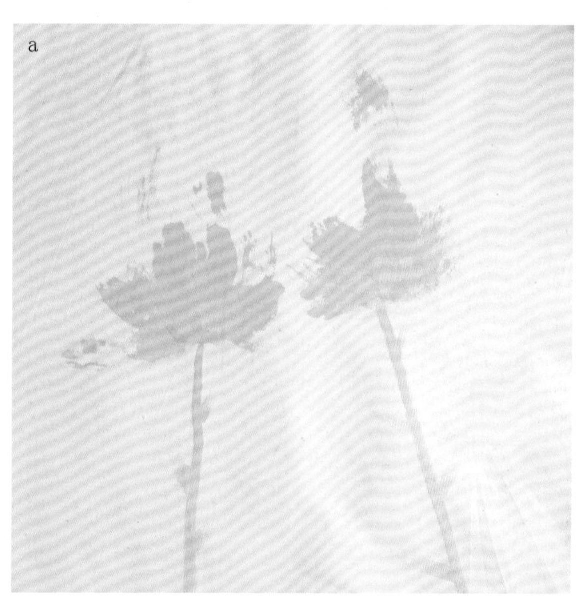

图3.10　这些花是用热变色墨水在白坯布上画出来的，颜色会从黄色变成绿色和红色。图案中的绿色和红色墨水在24摄氏度时被激活，色彩在这个温度时就能显现出来

各种类型的热变色涂料都可直接用于在织物上绘画或丝网印刷。如果染料是粉末状的，那么在大多数情况下，必须将其与另一种调色介质或液体粘合剂混合使用。常规的纺织品染料可与热变色涂料混合使用，涂料会随着温度的变化从一种颜色变成另一种颜色。

风感应颜料

风感应颜料是由英国的一个探索型工作室——The Unseen开发的颜料（图3.11）。这种风感应颜料在接触到周围空气后就会变颜色。图中这件衣服的材料用液态水晶处理过，具有摩擦响应特性。因此，当穿着者走动或空气在衣服周围流动时，各种色调的颜色就会显现或消失。风就是隐形的触发器，一阵风吹过，就会令服装色彩变幻莫测。

光变色材料

光变色材料随着光照强度或亮度的变化而改变颜色。这种材料的正常状态通常是无色或半透明的，当其暴露于特定光源时颜色就会改变。这种变化是可逆的，移除光源颜色就会消失，材料

图3.11　由英国探索型工作室The Unseen创作的空气系列中的一件服装，一接触到流动的空气，其表面颜料的颜色就会改变

即可回复到初始状态。当阳光或紫外线照射时，材料的分子结构发生变化，呈现出预设的颜色。

紫外线感应颜料

紫外线感应颜料暴露于紫外线或阳光就会有反应。其在室内色彩淡雅，遇光则变得分外明亮。这些颜料可以混合起来变成新的颜色，也可以从一种颜色变为另一种颜色（图3.12）。紫外线感应颜料应用起来非常灵活，可用喷枪喷，可喷雾，可涂画，还可以通过丝网印刷将其印在面料或皮革上。这种变色颜料也可以做成油基颜料或热转印颜料。

图3.12 Rainbow Winters设计的花瓣裙，裙子上用丝网印刷技术印上了UV感应颜料。在室内裙子是橙色的，到室外阳光会激活紫色颜料，裙子上的图案就变成两色相间了

紫外线变色线

紫外线变色线遇紫外线可以从无色变成明亮的颜色，也可以从一种颜色变成另一种颜色。从绣花线到钩针编织纱线，线的规格粗细不等。从某种程度上来说，这种纱线是应用这项技术最简单的方法，设计师可以将设计元素刺绣或编织在服装或配件上。

塑料变色树脂浓缩物

塑料变色树脂的变色范围可以从无色变成有色，也可以从一种颜色变成另一种颜色，质地可柔可刚。这种树脂还可以在加工过程中应用注塑、吹塑、挤塑等工艺融合到塑料制品中，最终可做成任何三维形状的产品，包括珠子、首饰和鞋跟等鞋类配件（图3.13）。通常，当其暴露于紫外线时，颜色会立即发生变化，而且处于紫外线下时会保持鲜亮的颜色，到室内后又很快变回原本的颜色。这种化合物加工出来后可实现数千种颜色变化，而且色彩的稳定性很好。

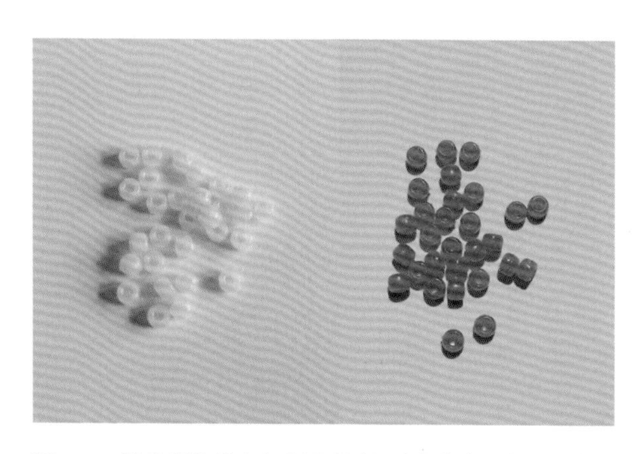

图3.13 这些紫外线变色半透明珠子（左）在阳光下会变成明亮的橙色（右）

水变色涂料

顾名思义，水变色涂料遇水后发生反应。将这种涂料涂抹到物体表面时为白色，遇水则变成半透明状，待表面风干后，涂料又变回原来的白色。这种涂料最常见的用法是将其涂覆在多色印花的表面，这样当涂料变成半透明时，印花就能显现出来。也可以用于丝网印刷，或直接喷在印花图案上。

如果涂料变色是不可逆的，那么这种变化的结果就是永久的。也就是说这种变化是一次性的，不能重复。这种涂料可以涂覆在织物和皮革上，应用效果非常好。

电发光

电发光是当高电场作用于材料时，材料发出的非热光。市售的电发光材料通常封装在塑料透明涂层中，做成面板或线材。EL（electroluminescence的缩写）产品通常适用于110~120V交流电。可以用电源转换器将电池的直流电转换成交流电信号，这样就能将电发光材料应用到配备便携式电源的服饰产品中。

典型的EL面板和导线都覆有硬质塑料涂层，所以当它们与刚性结构结合在一起时，才能发挥其最佳使用性能。EL已经被应用在服装上，主要用于演出服装。电发光显示屏技术也已应用在建筑和照明设计中。用户可以从阿德弗里特工业公司等购买电发光面板和电线套件，将其应用于设计项目中（图3.14）。

关于电发光技术的一个非常有意思的应用就是Elise公司开发的Puddlejumper外套（图3.15）。Puddlejumper外套上带有手工丝网印的EL面板，当导电颜料传感器被触发时，EL面板就会被激活。其外观比传统的EL面板更为微妙，而且具有纹理效果。在工业背景下，这种纹理效果会被认为是生产瑕疵，但在这件外套上，手工制造EL组件的过程创造出了一种独特的美学效果，增加了产品的设计感。关于这种材料常见的批评是，电子元件的统一塑料外壳缺乏光泽感，以及与技术相关的平淡乏味、毫无新意的审美，而Elise公司的EL面板却出人意料地将手工制作的元素应用到了科技时尚中（图3.16）。

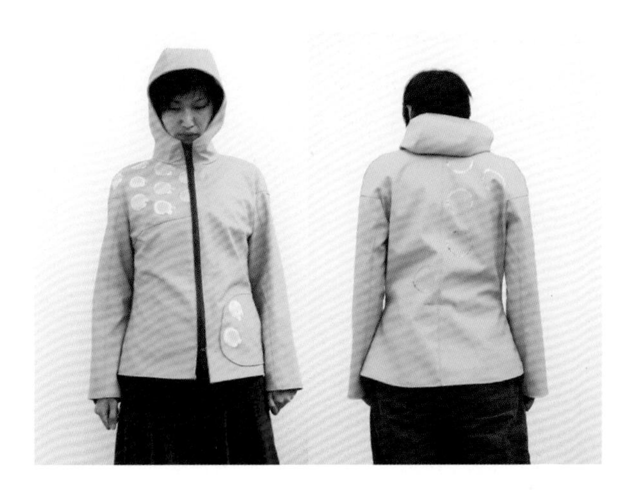

图3.15 Elise公司开发的Puddlejumper外套。图左为外套正面，上面有手工丝网印的EL面板。外套背面（图右）可以看到手工丝网印制的导电颜料分布在传感器中，能探测服装上的水分

图3.14 图示为阿德弗里特工业公司网站上出售的蓝色EL面板初学者工具包（10cm×10cm），可以直接用于产品设计

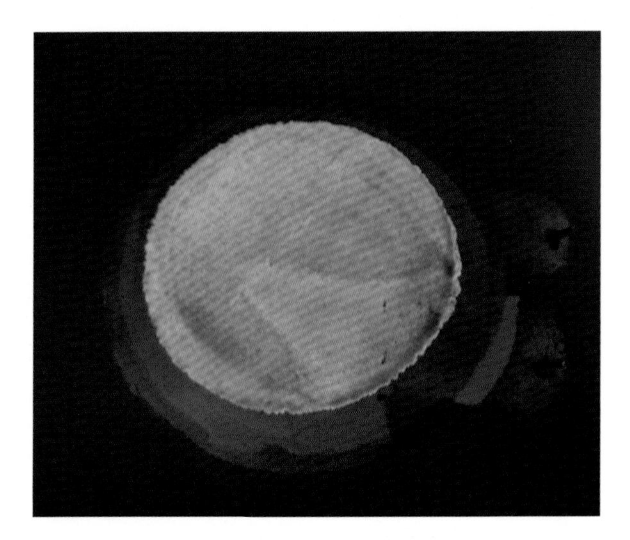

图3.16 Puddlejumper外套上使用的手工丝网印EL面板的细节图。商业化生产的EL面板外观平整、单调，这个面板的纹理在工业背景下会被认为是生产瑕疵，而在时尚背景下，却被珍视为一种唯美的视觉设计效果

教程1

开关制作 —— 导电钩扣件

本教程将分步骤地指导读者在一个简单的LED软电路中安装两组钩扣件，可以作为钩扣件开关制作参考教程。读者还可以做些变化，比如并联多个LED灯，当然也可以改变电路的路径形状。

本教程介绍了制作导电闭合开关的基本技巧，但是不应该限制在何处应用以及如何应用这项技术。切记应当根据自己的设计来构建所需电路。本例中使用两个织物样本进行演示，而读者的项目可能是在衣袖或衣身前、后片上安装钩扣件。

不管是什么情形，一定要仔细考虑电池应该藏在什么地方，要想办法在电池和挂钩间建立最短的路径。电路越短，被切断或断路的机会就越小。本教程已经为导电线引线勾勒出了一个矩形的形状，但读者也可以画成圆形的，或者把LED灯放得离扣合位置更近或更远些。无论选择什么形状，都要确保创建一个完整的闭合电路。

所需材料

两块面料、铅笔、导电缝纫线、手缝针、两组钩扣件、纽扣电池、电池座、手缝 LED 灯（图 3.17）。读者准备的材料可根据选用织物以及所需 LED 灯的数目有所不同。本教程将使用一个 LED 灯，用导电缝纫线手缝创建电路，读者也可以直接在服装或配饰上制作开关。

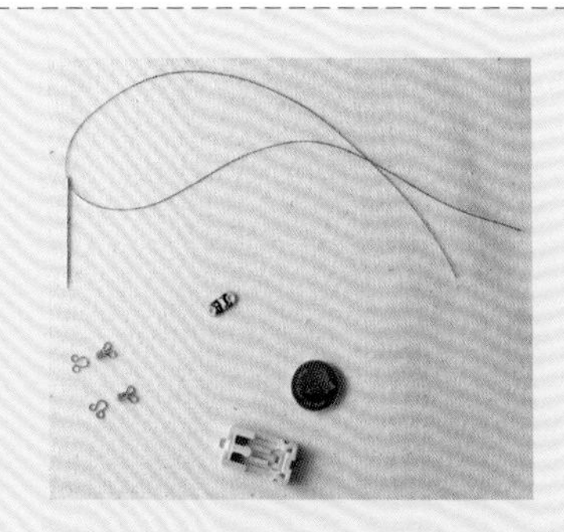

图3.17　所需材料

步骤1（图3.18）：做工考究的服装其钩扣件通常装在光整的边缘处。如图所示，将布边向内折叠，用暗缝针法把布边处理光整。读者可以参照本例的方法处理布边，也可以直接在衣服或配饰上制作开关。确保两块样布与钩扣件连接的一侧布边已处理光整。

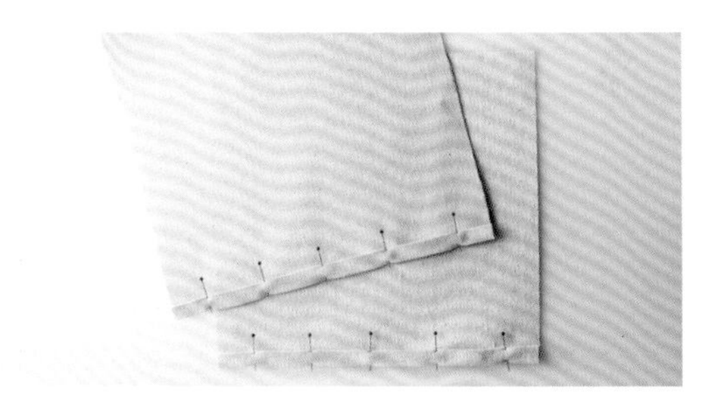

图3.18　步骤1

步骤2（图3.19）：仔细摆放好LED，并标记好安装钩眼和挂钩的位置。要考虑整个电路，确保LED的正极端与电路另一侧的电池座的正极端相匹配。然后用导电缝纫线将钩眼缝在合适的位置上，运用暗缝针法从钩眼开始朝LED的方向缝制。

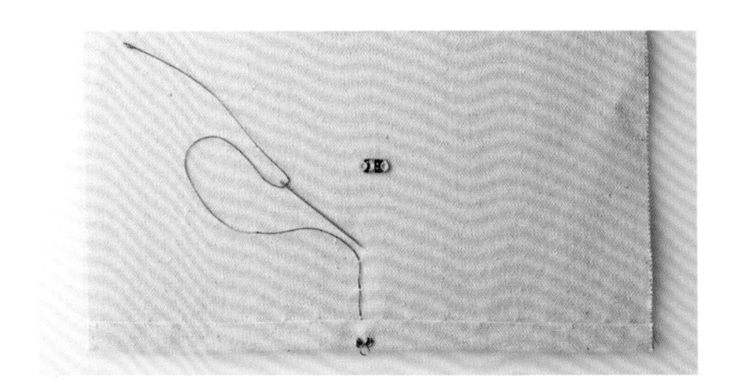

图3.19　步骤2

步骤3（图3.20）：本教程中，LED被缝在反面，这样它亮起时光芒可以透过面料。读者可以把LED缝在反面或正面，只要保证LED的正极连接到电池的正极引线即可。操作中一旦翻转LED，其正、负极标记就看不见了，所以在布面上标记LED的正、负极很重要。不要在织物的正面用无法擦除的水笔做标记，这里用铅笔在LED的正极、电池的正极标记了“+”号。本步骤中结束缝线时，导电线要在LED引线端打结。

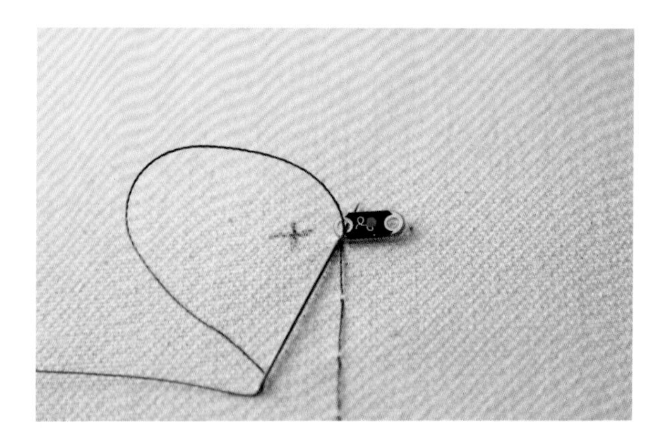

图3.20 步骤3

步骤4（图3.21）：从LED的另一个引线端起针缝到第二个钩眼上，在每个连接处都要打结固定。修剪线头并确保将它们留在反面，这样在正面就看不到线头了。

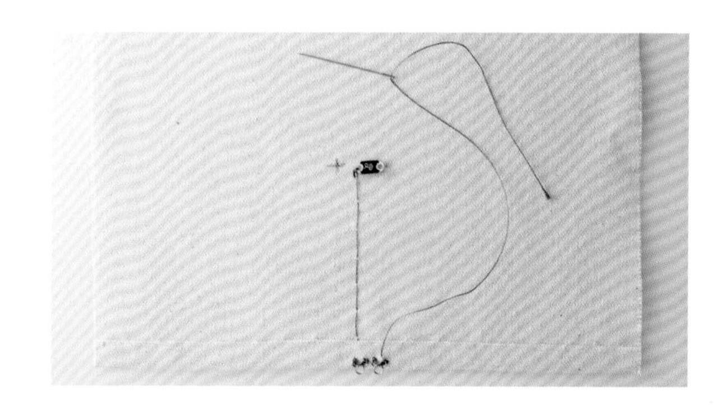

图3.21 步骤4

步骤5（图3.22）：样品的反面标有LED的正极和负极，所有的线头都要修剪干净。注意两个钩扣之间至少应留有0.6cm的距离。钩眼或导电线不能相接触，否则会使电路短路。

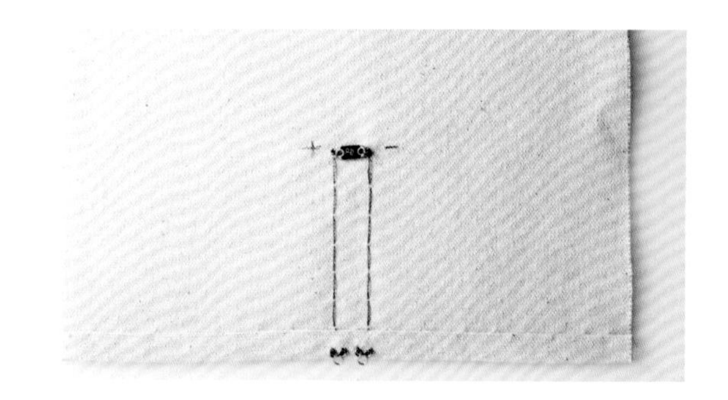

图3.22 步骤5

步骤6（图3.23）：缝对侧的钩扣件时，可以用两根针同时缝，因为同时定位两个钩扣会容易些，然后缝到LED。读者也可以一次缝制一个钩扣，就像在步骤2、3和4中所做的那样，将其连接到电池座上，或者尝试这种用两根针同时缝的方法。

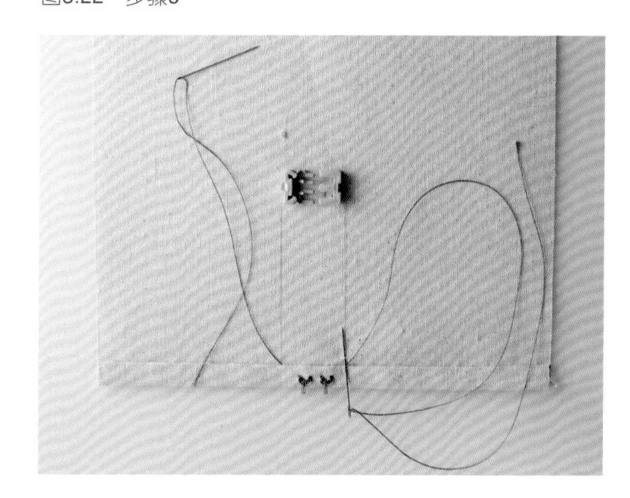

图3.23 步骤6

图3.24　步骤7

步骤7（图3.24）：定位缝合电池底座时，确保电池的正极引线与LED的正极引线相连，负极与负极相连。

图3.25　步骤8

步骤8（图3.25）：在电池底座两端的引线端都要缠绕导电线加以固定。每个线头都应在服装或配饰内部打结。为了确保打结处的线头不会散开，可以用专用固定胶或者指甲油来确保线结不会脱散。

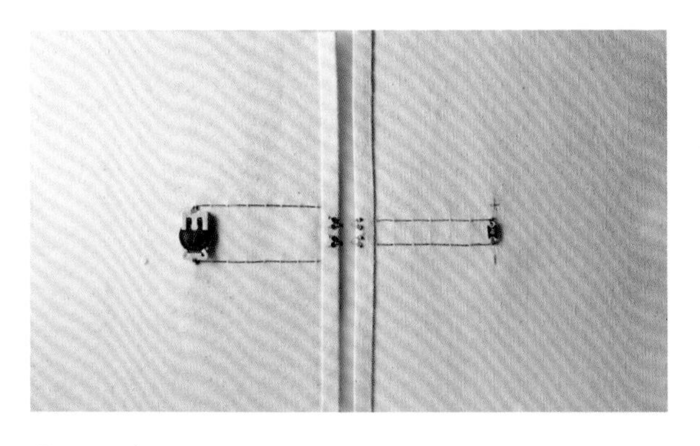

图3.26　步骤9

步骤9（图3.26）：将两块面料相对放在一起，检查钩眼和钩扣的位置是否对齐。它们应该恰好对齐。如图所示，钩扣未连接，电路没有点亮。换句话说，开关是断开的。

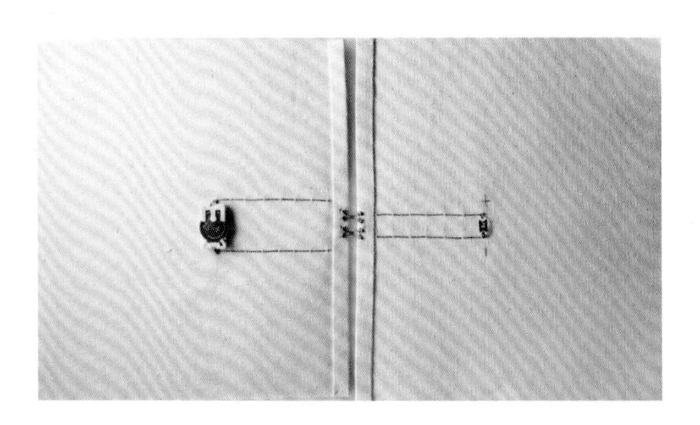

图3.27　步骤10

步骤10（如图3.27）：扣好钩眼和钩扣，检验电路是否闭合。如图所示，钩扣闭合且电路被点亮。换句话说，开关接通。注意，钩眼和钩扣必须扣合起来电路才能接通。

教程2

开关制作 ——金属按扣

本教程将分步骤地指导读者在一个简单的LED软电路中安装两组金属按扣，可以作为金属按扣开关制作参考教程。读者还可以做些变化，比如并联多个LED灯，当然也可以改变电路的路径形状。

所需材料

两块面料、铅笔、导电缝纫线、手缝针、两组金属按扣（不能覆有油漆、橡胶或搪瓷）、纽扣电池、电池座、手缝 LED 灯（图 3.28）。读者准备的材料可根据选用的织物、绘画工具以及所需 LED 灯的数目而有所不同。本教程将使用一个 LED 灯，用导电缝纫线手缝创建电路，读者可以将这个技术直接运用在服装或配饰上。

图3.28　所需材料

步骤1（图3.29）：如图所示，将布边向内折叠，用暗缝针法把布边处理光整。然后将所有组件放在指定位置上，并用铅笔标记导电线的线路。读者可以参照本例的方法处理布边，也可以直接在衣服或配饰上制作开关。确保两块样布与钩扣件连接的一侧布边已处理光整。请记住，与LED同侧的按扣要缝在面料的背面，且在这一面上看不到任何标记。

图3.29　步骤1

步骤2（图3.30）：将第一个按扣缝在适当的位置，并运用暗缝针法缝到电池底座的位置。为了连接电路和确保电路的导电性，仅需要用导电缝纫线将按扣的一个孔与电池底座连接。按扣的其他几个孔可以用与织物颜色相配的普通缝纫线缝制。

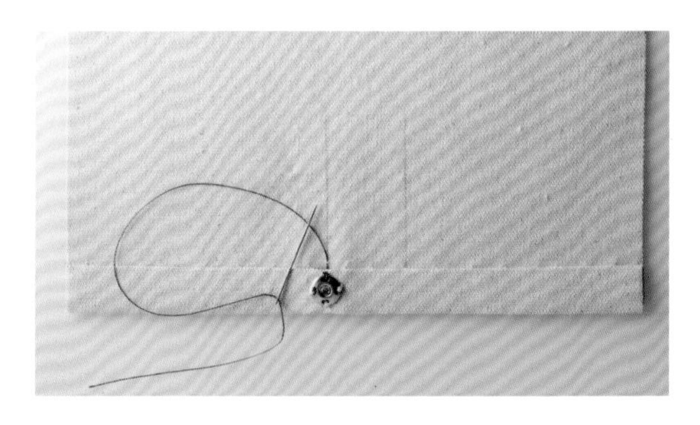

图3.30　步骤2

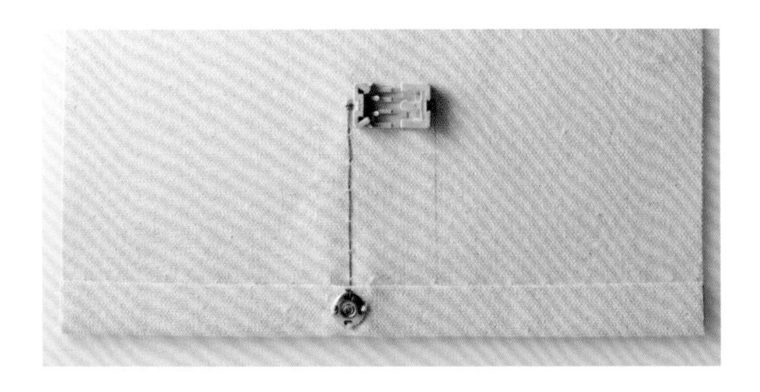

图3.31　步骤3

步骤3（图3.31）：需要在电池底座的引线端对导电线进行打结，如图所示，可以滴一滴指甲油或用专用固定胶固定线头。

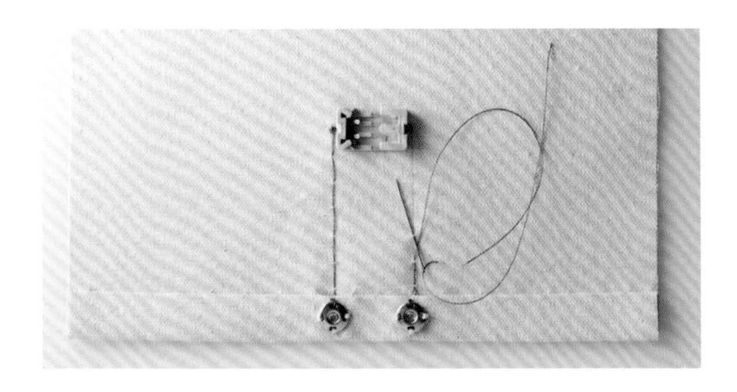

图3.32　步骤4

步骤4（图3.32）：仔细定位另一个按扣，并用同样的方法沿标记线缝制。

图3.33　步骤5

步骤5（图3.33）：把已完成的样布翻过来，检查正面是否光洁，线迹是否外露。

图3.34　步骤6

步骤6（图3.34）：在面料的正面定位雄按扣，距离及位置要和对面的雌按扣对应。标记好每个按扣的位置。

图3.35　步骤7

步骤7（图3.35）：用导电缝纫线从按扣上最靠近电路的孔开始缝暗缝针。注意用非导电的常规缝纫线缝制按扣上其他三个孔，且线的颜色要与服装的颜色相匹配。

步骤8（图3.36）：把面料翻到另一面，缝上LED。在这一面可以看到线迹，但看不到按扣。在LED的引线端绕线几圈并打结，再用胶水或指甲油固定线头。

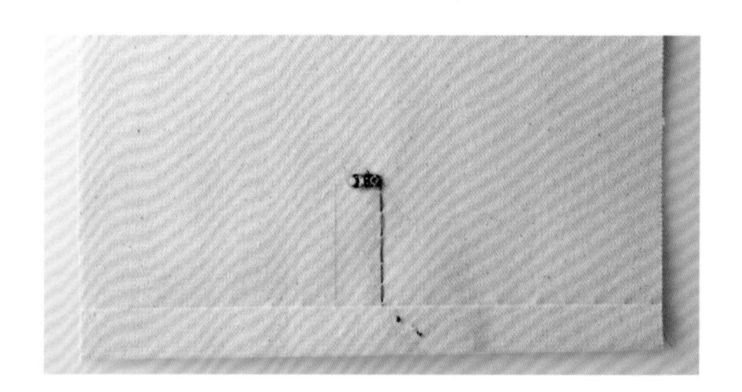

图3.36 步骤8

步骤9（图3.37）：重复以上步骤缝制另一组按扣，需要将两边同时对位，以确保按扣能准确地对合起来。

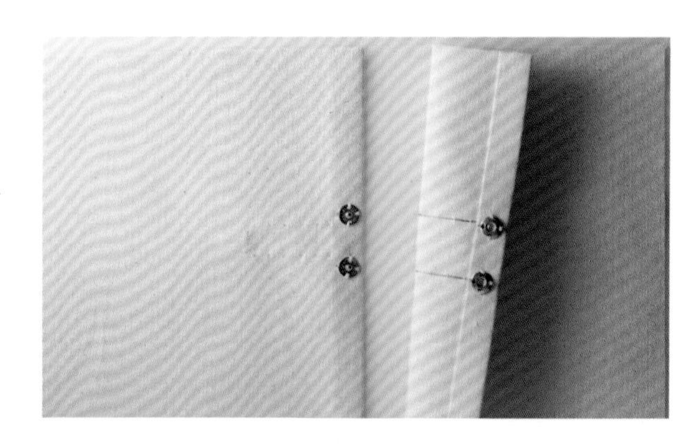

图3.37 步骤9

步骤10（图3.38）：扣合按扣点亮电路。换言之，也就是闭合开关。注意，要闭合电路必须扣合按扣。

图3.38 步骤10

步骤11（图3.39）：翻转样品可以看到闭合的电路。如图所示，扣合按扣电路亮起。换言之，开关处于连通状态。注意，两组按扣都要扣合才能闭合电路。

图3.39 步骤11

访谈

伊莎贝尔·利萨迪（来自Bare Conductive工作室）

Bare Conductive是一个设计与技术工作室，位于英国伦敦东部。当时，马特·约翰逊（Matt Johnson）、贝基·皮尔迪奇（Becky Pilliditch）、比比·纳尔逊（Bibi Nelson）和伊莎贝尔·利萨迪（Isabel Lizardi）在伦敦皇家艺术学院的一个研究项目中开发了利用导电涂料实现软电路的方法。这种无毒的导电涂料是一种创新产品，用于制作可喷涂电线，涂料变干后电线就可以导电。

该公司目前开发新产品和工具包，并维护一个技术平台，帮助人们获得新型技术。Bare Conductive综合应用设计和技术，把电子产品做得直观而风趣，其产品包括涂料、初学者工具包和硬件。导电涂料可用于各种织物和硬物表面，并结合时尚元素制作软电路，如图3.40中花朵图案的电路。

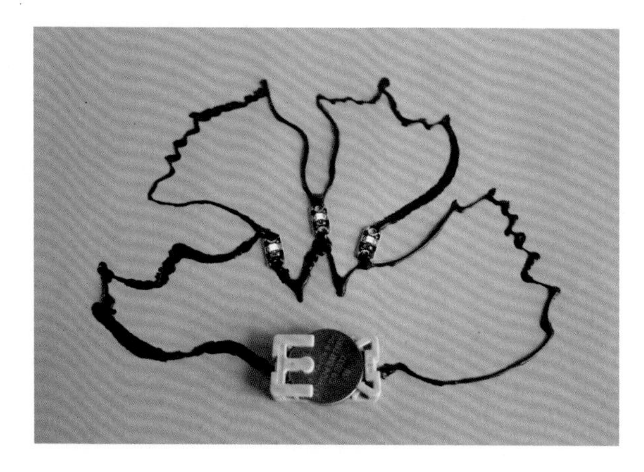

图3.40　安妮塔·热那亚为本书创作的LED并联软电路是用Bare Conductive的导电涂料在纸上画出来的

作者：请给我们大致介绍一下Bare Conductive。

伊莎贝尔：Bare Conductive是一家致力于开发和制造新一代电子产品的公司。公司致力于开发新技术，重新定义电子产品的外观、用户体验和行为以及我们与电子产品之间的交互。Bare Conductive是通过开发材料和硬件来实现这一点的，使电子产品无缝地集成到那些在传统上与电子产品无关的材料。

作者：Bare Conductive是如何建立起来的?

伊莎贝尔：Bare Conductive成立于2009年，由来自皇家艺术学院和伦敦帝国理工学院的四名毕业生创立。成立该公司是为了商业化推广导电涂料，这是他们硕士论文的部分研究成果。这种材料是一种无毒的导电涂料，相当于一种创新的设计方法，用它可以在各种物体（纸张、纸板、织物、混凝土等）上创建图形电路和制作电容传感器。

作者：你们之前有做过什么项目促使你们想到这个点子吗?

伊莎贝尔：在成立Bare Conductive之前，四位创始人的教育背景截然不同，各自从事不同领域的工作。我是伊莎贝尔·利萨迪，大学专业是通信设计，但在公司成立之前，我一直在使用日本的工艺技术和传统的制造方法和材料。我相信这种影响通过公司的理念会有所体现，我们专注于将技术嵌入并整合到纸张、木材和织物等材料中，而这些材料通常与电子产品没有联系。

作者：为什么会想到导电涂料呢?

伊莎贝尔：我们的工作重点一直是开发通用、实用且易于理解的工具，因为我们相信所有来自不同背景的人都可以参与电子产品和交互方式的设计与开发。近年来，工程师和计算机科学家们就做着同样的事情，他们开发的产品影响了各种各样的人群。我们都有设计的相关背景，想要开发一种工具，它的功能和概念能被来自所有领域的人了解和应用。导电涂料就是这样一种材料，不仅可以让更多的人设计和制作电子产品，而且为开发材料和探索应用材料的基质开辟了新的可能性。

作者：自从试制成功后，导电涂料做过哪些改进？

伊莎贝尔：导电涂料被优化改进了很多次以提高其性能，但从根本上说，还是保留了最初的功能和形态。从化学角度来说，它是一种无毒的水性涂料，含有导电微粒和确保让微粒悬浮于其中的天然粘合剂。从技术上来说，它是一种导电涂料，适用于大多数材料，可以用来创建图形电路或电容传感器。

作者：导电涂料的确有很多创新的用法，你见过的用它做的最棒的作品是什么？

伊莎贝尔：导电涂料是我们开发的第一个产品，已经进入市场几年了，我们看到很多不可思议的佳作通过导电涂料实现了差别迥异的设计应用。其中令人记忆深刻的两件作品是帕特里克·史蒂文森·基廷（Patrick Stevenson Keating）的《流动性》（*Liquidity*）和法比欧·拉坦兹·安提诺利（Fabio Lattanzi Antinori）的《数据旗帜：雷曼兄弟》（*Dataflags: Lehmann Brothers*）。这两个项目出现在我的脑海中是因为它们在技术上的挑战性和作品所呈现的美轮美奂。然而，它们之所以非常重要，是因为它们是两个完美的案例，展现了导电涂料作为一种全新的材料如何成为设计师或工程师的重要工具，瞬间重新诠释了我们身边电子产品可呈现的外观和感受形式。

作者：导电涂料还可以和哪些电子组件一起使用？

伊莎贝尔：导电涂料可以和所有传统的电子工具和组件一起应用。它可以轻易地把这些组件“焊接”到原本并不能处理电子元件的物体表面。它拓展了我们可用作交互界面的材料，如织物、纸张，还有纸板。

作者：你们的产品在时尚行业有什么典型应用吗？

伊莎贝尔：我们的产品在开发智能而不浮夸的服装方面具有潜在的应用价值。它们为设计实验开创了新的空间，不仅可以用于智能服装的功能，而且创新了可穿戴技术的制作方法，实现技术隐形，可以让使用者不会被歧视。

作者：对那些想要使用导电涂料进行创作设计的服装设计师们，你有什么建议？

伊莎贝尔：我的建议就是要实验，要不断地通过实验做出产品的样品。探索开发新材料应用方法的最好途径是测试材料的极限，弄清楚它们能做什么。设计概念只有在转化成为产品时才是好的概念，因此概念必须是真实且被验证过的。当尝试应用新技术和新材料时，这点尤为重要，因为还有更多的潜在功能有待发现。

内容回顾

1. 什么是导电材料？
2. 如何定义反应材料？
3. 导电胶带是用什么材料做的？
4. 市场上有哪些导电织物？
5. 如何制作钩扣件电路开关？
6. 在传统服装的扣合方式中，有哪些可以用作导电闭合装置，哪些不可以？为什么？
7. 热变色涂料对哪些外界因素有反应？
8. 什么会触发水变色涂料变色？
9. 是否可以用变色线进行分层设计？为什么？

讨论

1. 哪些导电材料适合制作样品？哪些导电材料适合制作最终的服装和配件？为什么？
2. 用户可以应用哪些导电材料和反应材料来设计服装或配饰？如何加以应用？
3. 为什么要在相同的印花图案或表面中应用多层热变色涂料加以处理？多层涂料混合在一起后对最终的效果会产生什么影响？
4. 阅读本章后，读者是要用传统的设计过程——从构思设计概念开始，再寻找合适的导电材料来创建软电路呢，还是已经受到启发，想要应用这些新开发的材料进行创作和设计？

延伸阅读书籍推荐

Pakhchyan, Syuzi. *Fashioning Technology: A DIY Intro to Smart Crafting*. Sebastopol, CA: Make, 2008.

Vij, D. R. *The Handbook of Electroluminescent* Mate rials. Bristol, UK: IoP, Institute of Physics, 2004.

在线参考资源

Berzowska, Joanna, XS Labs, http://www.xslabs.net, Web. 17 June 2015.

Mota, Catarina, and Boyle, Kirsty, Open Materials, www.openmaterials.org, Web. 17 June 2015.

Satomi, Mika, and Perner-Wilson, Hannah, KOBAKANT, http://www.kobakant.at/, Web. 17 June 2015.

第4章

如何应用现成 DIY 工具包进行设计

本章的重点是了解电子 DIY 领域的历史以及充满活力和生机的电子社区。本章介绍了可以在线上或线下购买到的现有资源和工具，为 DIY 可穿戴技术领域的主要参与者创建了一个知识库，指导读者如何选择视频、书籍和教程，阐述怎样使用现有的工具以及它们都有什么特点。读者可以运用这些知识设计个人的时尚服装或服饰系列，根据自己的设计理念选择适合的电子产品。

读完本章读者能够：

- 了解微控制器、电子元件、外围设备等基础术语
- 了解时尚和技术项目所需要的扩展工具包
- 更好地进行信息检索，学习更多关于电子产品和电子工具包的知识
- 了解这一工作领域的创客和设计师们
- 了解能够在哪里购买所需要的技术，如何应用技术，以及如何解决可能遇到的问题
- 学会通过编程来进一步开发项目
- 了解设计师和技术专家之间的合作过程

即使不是全部，绝大多数电子和计算机控制的服装，其设计过程都是协作的过程，因为在这一领域所需要的知识和技能的复杂性往往超过个人的能力所及。本章将帮助读者了解所需的语言、工具和材料，以便与技术专家和程序员建立有效的协作关系。有了这些知识，读者可以建立一个合作团队。在这个过程中，读者应该问自己以下这些问题：

- 什么样的电子元件最适合自己的项目？
- 哪些电子产品可以手工制作，哪些应该买现成的？
- 需要什么额外的工具以完成项目？
- 是否有这样一个电子纺织品工具包：包括所有必要的组件，并附有使用说明书？
- 对于设计中面临的问题，能否基于在线平台和论坛找到解决方案？
- 购买组件的品牌网站是否提供教程，并能用于项目设计？
- 互联网上又发布了哪些新视频教程，可以帮助解决问题？
- 为了成功完成设计，需要与具备什么样技能的人合作？

DIY电子产品概述

近年来人们对DIY电子产品的兴趣激增，无论对于具备入门知识的设计者还是一无所知的初学者来说，这些产品都很容易了解和获得。DIY电子产品领域的这些发展，对于想要用定制电子产品创建项目的服装和配饰设计师来讲是非常宝贵的。随着电子工具包的广泛使用，创造计算机时尚产品的过程也变得更容易实现。很多小工具都是现成的，可以通过各种在线商店购买，在线商店还为每件特定工具提供支持和操作教程。

本书在前几章中介绍了基本的电学概念、电子组件和各种传导、反应材料。这些材料足以创造一些简单的灯光效果和颜色变化，但要用辅助的电路或控制器调控服装上的输入和输出，就需要更复杂的系统了。

以前，摆弄电子产品需要专业的知识，但DIY电子社区的出现扩大了参与设计过程的人群，促进了低成本的电子工具和工具包的开发。因此，没有电子工程或技术背景的时装设计师现在可以自学如何建立电路和编写微控制器程序。一些支持性的实践社区已经出现，提供了不少研讨会、设计反馈和合作的机会，任何人都可以从中受益。

对于那些对电子和计算机时尚感兴趣的学生，DIY电子社区提供了各种形式的丰富资源，包括教程、材料研究和在线论坛，这些资源大都可以在互联网上找到，还有一些入门书籍，介绍如何开始使用特定的技术或平台。本章将回顾一些最为活跃和最重要的社区，它们为各种时尚项目提供广泛的支持和想法。

扩展工具包

设计师总期望能运用一些特别的设备。工具包（图4.1a）不仅包括实体工具，还包括一系列可以用于实现特定概念的措施和方法（以及合适的材料）。从事电子和计算时尚的实践者应扩展工具包，将来自DIY电子社区的工具一并收入囊中（图4.1b）。

电子和计算时尚可以被看作是“物理计算”的一个子集。广义上来说，物理计算是指用硬件和软件来构建可以感知和响应模拟世界的交互式物理系统 。在下一节中，将概述物理计算常用的工具、资源和开发形式。

工具

众所周知，剪刀、铅笔、记号笔、划粉、卷尺、缝纫线、大头针和手缝针等专业工具都是服装设计师工具包中不可或缺的内容。而对于处理电子和计算的设计人员来说，一些不为人熟知的新工具、新材料和新元件，应被收入扩展工具包中。

Adafruit和Sparkfun（以及其他类似的零售商）等供应商提供的初学者工具包与一些精选的手工工具相结合，是获取所需基本材料的简便方法。通用型初学者工具包包括电子元件（电阻器、发光二极管、按钮、电位计）、电路试验板、跨接线、电池座、USB连接线以及微控制器开发板（Ardunio）。还推荐使用剥线钳/美工刀、尖嘴钳、小螺丝刀和万用表等手工工具。万用表（图4.2）对于排除电子元件的连接故障和检查所用材料的导电性特别有用。这些初学者工具包旨在为各种基本项目提供所需的组件，并为初学者提供了探索阶段所需的大多数工具。

a

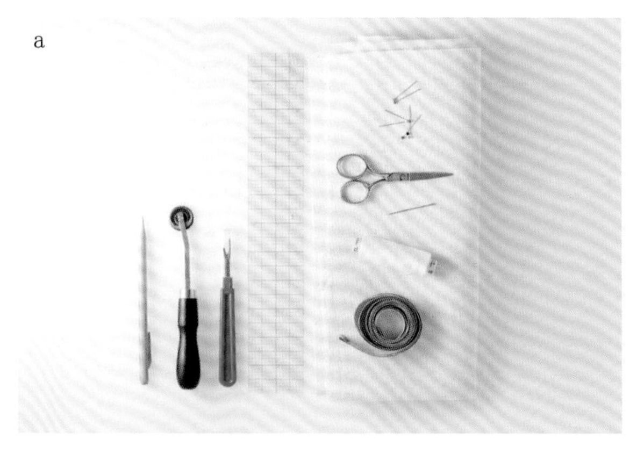

b

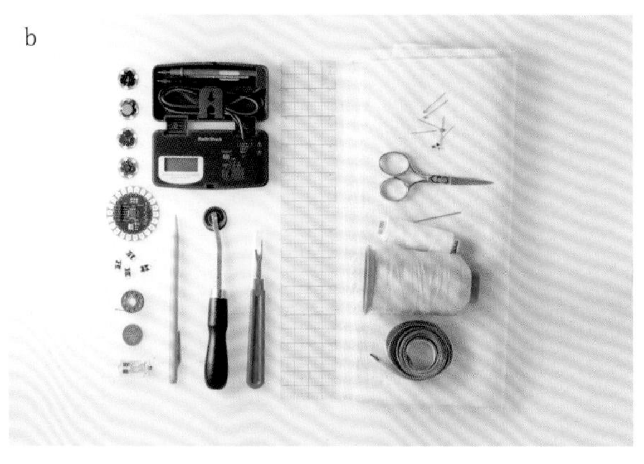

图4.1 （a）通用型服装设计师工具包。从左到右包括：铅笔、滚轮、拆线器、尺子、用于立裁的坯布、大头针、剪刀、手缝针、缝纫线、软尺等，（b）扩展工具包括各种微控制器和外围电子设备、可缝合型LED、导电线、电池、电池座和万用表

图4.2 万用表有多种造型且价格不一，可以根据预算来选择。右侧的万用表可折叠成一个便捷式盒子，电线被整齐地收纳在盒子里

除了初学者工具包，DIY硬件领域的许多零售商还销售可定制或嵌入项目中的预制工具包。与初学者工具包相比，这类工具包的适用性要小很多，通常只包括为完成某个特定项目所需的元件。虽然功能有限，但这些组件对于电子新手来说还是很好用的，它们为实现某些特定目的（例如点亮LED灯或触发声音）提供了直接方法，且无需配置和编程微控制器板。如果设计师的设计理念与某些特定项目的实现方法相似，那么购买预制工具包是获取所需材料的一个有效方法。

虽然多数组件是由较大的供应商销售的，但在一些小型精品零售店也可以找到一些小组件。如图4.3所示的小组件就是invent-abling网站供应的工具包。德仁·居莱（Deren Guler）作为创客、工匠、设计师和物理学家，是invent-abling的创立人。她曾为许多教育机构和社区项目工作，并且在世界各地的一些博物馆和大学主持工作坊项目。

居莱创立的invent-abling网站旨在填补针对儿童，特别是女孩子的低技术含量的工具组件的市场空白。她在网站上提供可广泛用于科技时装设计的各种组件，还将不同材料、工艺技术和计算方法组合成工具包，并配上简单易懂的使用说明。

能在工具包中找到设计师需要的元件，那就太好了。设计师可使用现成的电子元件，先在备用面料上测试设计想法，然后再用设计师中意的正式面料替代样品，并完成产品创作。

资源

互联网提供了大量的教程、社区以及示例作品，对用户进行电子和计算机控制服装的设计开发可能大有益处。正如互联网提供的许多内容一样，这些资源随时间的推移发生变化，一些当下非常活跃的网站可能在下一刻就会消失。这种情况在线下和线上时有发生，而互联网信息更替的

图4.3 invent-abling智能针线包从左到右包括：导电缝纫线、金属按扣、可缝合LED、电池座、电池和一块布料。使用说明可从invent-abling网站下载

速度还在不断加快。

尽管如此，互联网上已经有无数关于DIY电子产品以及电子和计算机控制时装的学习资源，而且还在不断涌现，所以用户应该积极搜索自己需要的信息。虽然某个具体的链接可能变化了，但只要用关键词进行搜索，通常总可以在其他网页找到相似的内容。通过对工具、组件、电子元件以及亟待解决的问题的精确描述和关键词搜索，总能找到最好的解决方案。

当发现一个值得信赖的社区时，一定要对其标注书签并经常访问，从中汲取新灵感，或是学习如何解决一般性问题等。对于个人遇到的特殊问题还可以发帖提问并与网友沟通。要知道，大多数问题都是其他创客已经遇到过的，可能不少问题已经有了解决方案。要先浏览已有的帖子寻找解决方法，如果问题仍不能解决的就继续发帖提问。

DIY 电子器件

多年来，纽约大学蒂施艺术学院的交互电信项目一直提供关于物理计算方面的在线资源（http://itp.nyu.edu/physcomp/）。这是一个内容详实且值得信任的网站，可获得关于DIY电子器件的信息，任何一个没有知识背景或没受过培训的初学者，都可以在网站上获得如何开始DIY电子器件的知识。其他网站如Instructables（www.instructables.com）（图4.4）和Make（www.makezine.com）也讲述了如何用DIY电子器件构建和实现个人的设计。

尽管这些项目中也包括一些电子服装和配饰，但许多案例并非出自时尚界。多数作品来自没受过时装设计训练、缝纫经验有限的创客，他们能够而且确实经常提出实现时装设计灵感的创新概念和方法。这些案例可作为技术研究的资源，帮助设计师构建知识体系并逐渐学会如何玩转电子器件。

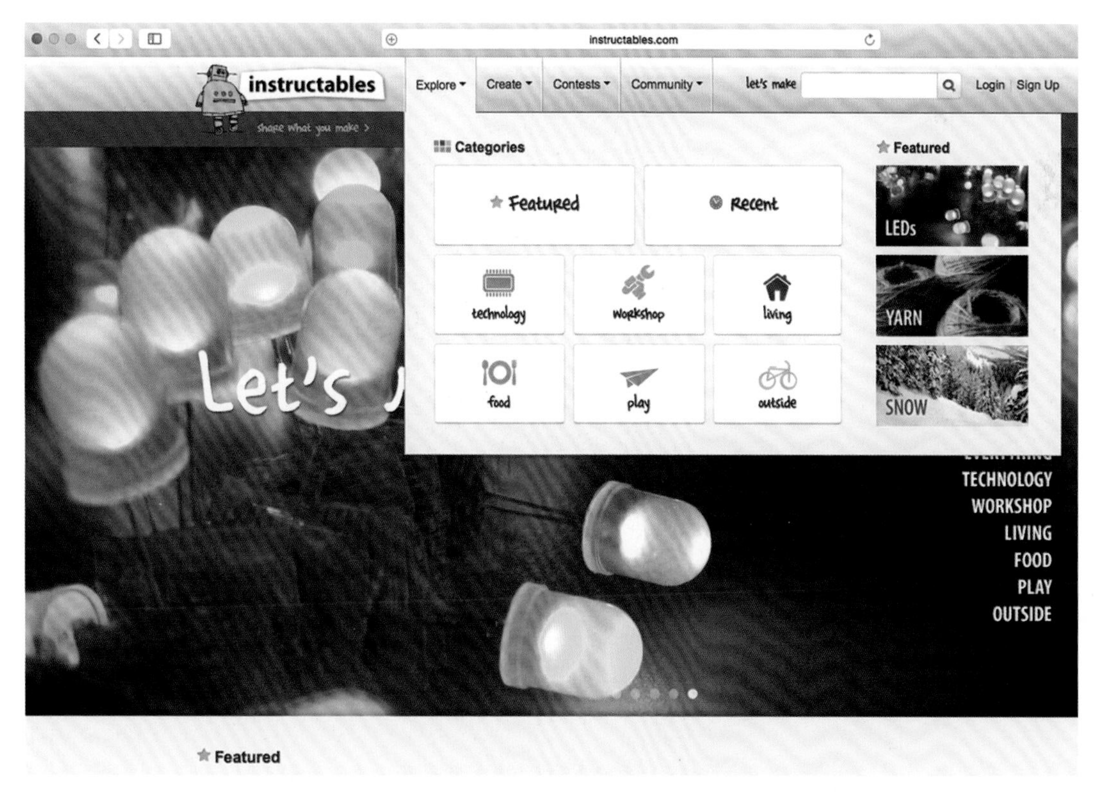

图4.4 Instructables.com拥有一个规模强大的创客社区以及大量项目案例

设计师通常先构建一个具体的概念，然后基于这个概念选择材料和器件，再通过在线资源或说明书所述的方法，学习如何把电子器件完全融入自己的设计中。但设计师也不要指望能在这些社区中找到与本人正在开发的项目完全符合的教程。要变通想法，以有效为原则来确定安装电子器件的最佳方案。作为初学者，有时要先舍弃那些不可能实现的概念，从探索那些已验证过的技术开始实践，等积累了一定经验，就能解决比较复杂的问题了。

还可以多搜索服装技术类网站，如Fashioningtech（http://fashioningtech.com/）等网站会从时尚和交互设计两个方面展示新项目。众多技术类博客每天都会提供与技术和小工具有关的更新内容，如Gizmodo（www.gizmodo.com）和Engadget（www.engadget.com）等。有时网站上也会有一些科技时装类项目信息，这些信息可能成为灵感或理念的来源。

另外，DIY电子器件平台的开发人员也提供了与产品对应的“教学”和“入门”操作指南。广为人知的Arduino是一个基于简单微控制板和开发环境来编写控制板程序的开源物理计算平台，其网站www.arduino.cc上有相关论坛和教程。网站设有一个“学习”版块，里面有大量案例和引证资源，还有一个实操版块，Arduino的所有用户都可以贡献自己的研究成果，新用户可以从中受益。Arduino论坛（http://forum.arduino.cc/）提供的主题则包括安装、故障排除、项目指导、编程问题、一般电子产品、微控制器和传感器，以及电子纺织品、手工制作和交互艺术等。

与之类似，LilyPad Arduino是由此衍生出来的一个网站（http://lilypadarduino.org/），专注于电子纺织品、电子与计算机控制服装。此外，还有DIY电子元件和组件的分销商和制造商Sparkfun（www.sparkfun.com）和阿德弗里特工业公司（www.adafruit.com），它们的网站上有丰富的案例教程可供访问。

在LilyPad Arduino网站上展示的Electronic Traces项目，是由莱西亚·楚拜特提出概念并设计完成的（图4.5）。该设计基于捕捉舞蹈动作，并通过使用附加在芭蕾舞鞋上的LilyPad Arduino技术，将其转换为可视化效果（图4.6）。芭蕾舞演员穿着这种舞鞋跳舞，当鞋子接触地面时，LilyPad Arduino可以记录舞者的脚部压力和动作

图4.5　莱西亚·楚拜特的设计作品Electronic Traces——附加了LilyPad Arduino技术的芭蕾舞鞋

图4.6 附加Arduino的芭蕾舞鞋特写

图4.7 在Arduino技术的帮助下，露西娅·哈尔克（Lucia Jarque）的动作轨迹被记录下来并显示在iPhone上

图4.8 LilyPad Arduino由利娅·布切利和SparkFun Electronics设计研发。这是一个专门为可穿戴设备和电子纺织品设计的微控制器主板

轨迹，并向电子设备发送信号。这些数据可以在手机应用程序中以图形的形式展现（图4.7），还可以通过应用程序的各种功能进行定制，以适应不同用户的要求。最终呈现的结果是对优美的舞蹈动作的视觉表现，用户可以观看视频或单帧的静止画面。由于这些图形是由舞蹈动作创建出来的，舞者可以分析自己的动作并进行修正，还可以将其与其他舞者的动作进行比较。

解析电子纺织品工具包

目前，LilyPad Arduino（图4.8）和Adafruit Flora是专门为电子纺织品以及电子和计算机控制时尚项目开发的两个最著名的微控制器平台，两者都是基于受人欢迎的Arduino平台进行设计的。Arduino是一个业余爱好者微控制器平台，新手和初学者也能通过该平台进行电子器件的设计。这些微控制器平台以可编程设备为特色，它们可以根据电子器件的组装和编程方式来编写行为脚本和响应反馈。

DIY电子器件的某些品牌和制造商将来无疑会发生变化，但这些系统具有在所有产品中通用的重要特点，都包括一个微控制器，可以选择连接传感器、制动器和外围设备，并且具备输入和输出功能，可以创建预先设定的服装功能。LilyPad和Flora是两个最常用的电子纺织品微控制器平台，而将来还会有设计者认同的其他开发平台出现。无论平台提供何种类型组件，电子纺织品工具包将具备一些共同特征。学习如何使用每件工具的知识，将有助于读者运用各种工具组件以及微控制器上运行的程序来设计和控制服装的功能。

赛义德·里兹维（Syed Rizvi）将微控制器定义为“包含处理器内核、存储器和可编程输入/输出外设的单个集成电路（IC）小型计算机”。微控制器开发平台提供各种集成电路，支持与电路板和各种组件的物理连接，并且可以通过编程实现电路板功能。也就是说，用户即使不具备专业知识也可以运用模板直接着手实践自己的设计理念并制作样品。

微控制器平台通常包括主板（图4.9）和一些附加组件。在LilyPad Arduino和Adafruit Flora网站的案例中，电路板特别设计为可直接缝合于织物的样式，沿着电路板的边缘设计了可穿针的孔洞。电源一般也包含其中，在电子纺织品微控制器平台上，通常会提供各种不同类型的电源，用户不仅可以根据电子性能选择，还可以根据形状选择。

电路主板由以下元件组成：

- 微控制器——电脑
- 电池/电源连接器
- USB端口或FTDI连接器端口——连接到计算机程序或监控的设备
- I/O（输入/输出）引脚——使主板可以监控传感器或控制制动器
- 模拟引脚——读取模拟传感器，还具备通用型输入/输出（GPIO）引脚的所有功能
- 复位按钮

开发平台一般也包含输入和输出分线板。就LilyPad和Flora网站而言，大部分传感器都比较简单，已经是这些平台的品牌化产品，如光传感器、温度传感器或简易开关。输出主要包括可缝纫的LED灯，也有蜂鸣器和振动电机。请记住，其他的传感器和制动器也可以连接到这些微控制器平台上，但每种传感器和制动器对于电源和通信的要求是不同的，因此，研究每个特定元件以及它与用户所用系统的兼容性非常重要。

外围设备

以下这些LilyPad的外围设备是专门为软电路设计的，可以在各种网店和五金店买到。这些外围设备在DIY社区被广泛应用，读者可以找到大量的相关信息，包括它们在各种项目中的应用情况，以及对每个项目的建议等。

LilyPad可穿戴科技电子纺织品由利娅·布切利研发，由利娅和SparkFun电子设备合作设计。其中部分元件如下：

- 可缝纫LED（图4.10）

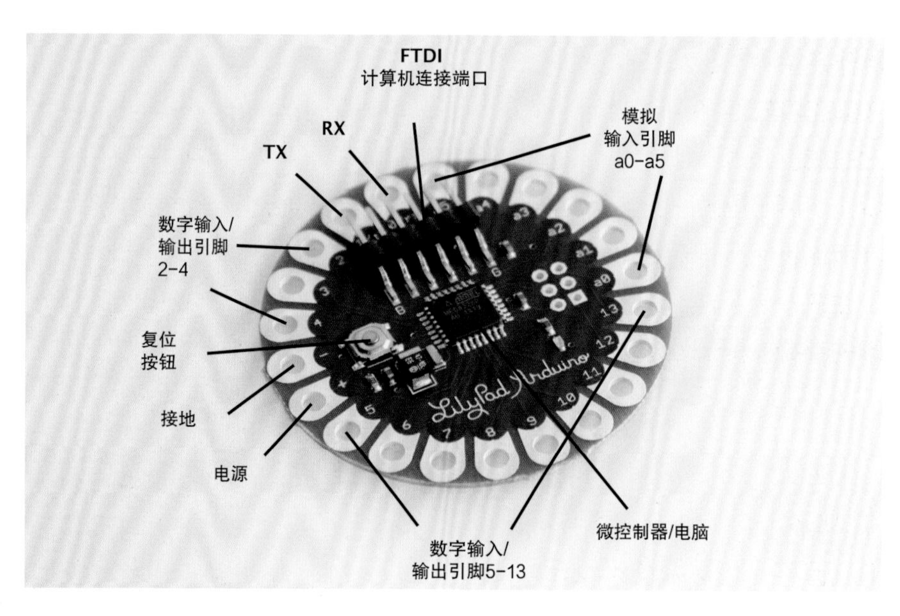

图4.9 LilyPad Arduino主板部件图

- 可缝纫电池座（图4.11）
- 可缝纫传感器：温度传感器、光传感器、加速计（图4.12）
- 执行器：蜂鸣器板（图4.12）

可缝纫 LED

LilyPad可缝纫LED的两侧有较大的导电片，很容易缝到织物上，可用于服装或配饰，甚至还可以洗涤。通常LED有各种颜色，而基本规格有两种，常规尺寸是5mm×11mm，微型LED则小得多，如图4.10所示。缝在设计作品上的微型LED相当于一个小光点，其自重微不足道。

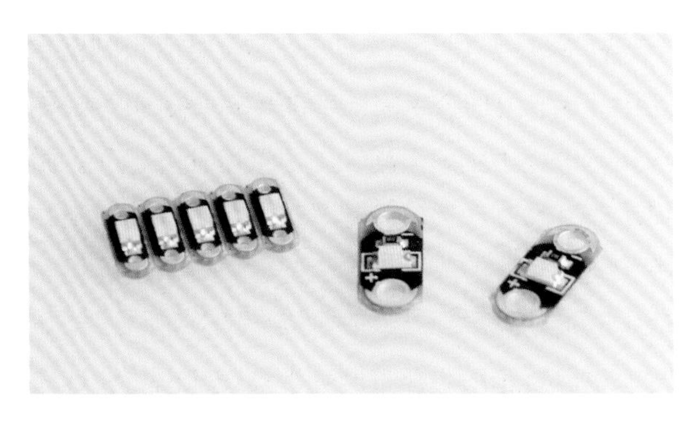

图4.10　LilyPad可缝纫LED有微型和常规尺寸两种规格，颜色包括白色、绿色、红色、黄色、蓝色、紫色、粉红色以及三色（未在图中展示）

电池座

为软电路添加电池时，可供选择的电池座并不多，如图4.11所示。电池座是塑料的，里面要安装电池，所以尺寸比较大，而且质地坚硬，其优点是可以直接缝在织物上，并与LilyPad Arduino连接。

最常见的电池座是为20mm纽扣电池制作的。LilyPad电池座通常有四个连接点，包括两个正极和两个负极，可用于缝入设计作品，如图4.11右上所示。图4.11左上是一个带有电池座的LilyPad，可以安装单个AAA电池，电路板上自带一个小的滑动开关，其位置与电源平齐，用户可以通过开关控制作品中的电源以节省电量。这个电池座的尺寸已经尽可能做到最小。

图4.11　根据电池型号和电池制造商的不同，可缝纫电池座的规格和形状各不相同。图中是一个AAA电池座（左上）和两个纽扣电池座

图4.11下方的灰色塑料电池座也是用于安装20mm纽扣电池的，用手指轻轻一按这个电池座即可弹出电池。其两侧也都有导电引线，因此可以缝合到织物上。注意：这个电池座上的连接孔非常小，只有很细的手缝针可以通过，而且只能缝两三个线环。

传感器

温度传感器（图4.12上）能检测接触温度或环境温度的变化，在0摄氏度时输出电压为0.5V，在25摄氏度时输出电压为0.75V，温度每升高1

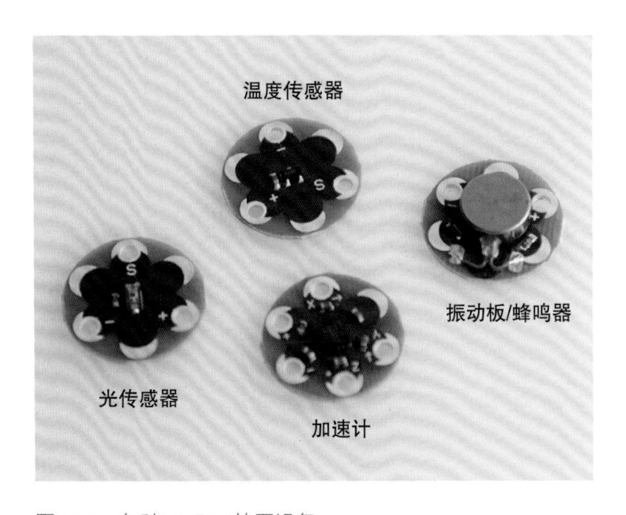

图4.12　各种LilyPad外围设备

摄氏度，输出电压增加10mV。传感器可以作为软电路的一部分安装在服装或配饰上，然后通过Arduino编程让它基于温度变化触发不同的输出电压。

加速计（图4.12下）能检测基本运动。这个LilyPad加速计是一个三轴加速计，可以检测运动、倾斜和振动。与温度传感器类似，它可以作为软电路的一部分安装在服装或配饰上，并通过Arduino编程让它触发所需要的输出电压。

光传感器（图4.12左）的应用方式非常简单。如果将传感器暴露在日光下，输出电压为5V；如果用手盖住传感器，输出电压为0V；在一般的室内照明条件下，输出电压为1~2V。利用这个原理，光传感器可以被编程为软电路设计项目的触发器或者开关。

其他外围设备

LilyPad蜂鸣器（图4.12右）要用两个I/O引脚固定在LilyPad主板上，它会根据I/O切换的不同频率产生不同的响声。发出的响声不是很大，但放在口袋里时也足以让人听到，不过这个蜂鸣器不能洗。

LilyPad按钮板是一个简易按钮，用于控制设计项目的开和关。它是瞬时开关，有两根导电引线，安装在可缝纫的垫板上，其外观与可缝纫LED非常相似。按钮按下时为闭合状态，释放时为打开状态。

学习如何使用微控制器、传感器和现有的开发平台，需要有坚定的学习决心并经历一个艰难的学习过程。设计项目的干劲越大，需要的知识就越多。因此，许多设计师经常选择与他人合作或组建团队，每个成员拥有不同领域的知识，能够齐心协力完成设计。也就是说，组装电子电路和编写微控制器程序的实际操作经验有助于设计师更好地理解这些技术在使用时的可行性和限制，最终完成概念上更强、美学上更微妙的作品。

洞察设计师和技术专家之间的合作过程

许多进入可穿戴技术或计算时尚领域的时尚和配饰设计师发现，为了成功完成一个项目，他们需要与技术专家合作。来自传统时尚教育领域的设计师不具备足够的技能和知识来应对每年不断涌现的新技术，即使是那些在该行业拥有丰富经验的设计师也不行。从零开始开发电子产品几乎是不可能的任务。

DIY工具包是原型概念和交互间的一个很实用的中间地带，如果没有工具包，将需要大量资源去实现。也就是说，独立完成所有工作所需的技能仍然太多。这就是与他人合作和团队协作的用武之地。如果一个项目相对简单且范围有限（例如将LED灯嵌入一件衣服中，如本书前几章所述），那么设计师可以通过自学独立完成任务。然而，对于具有复杂感知和反应的服装来说，积极的合作是成功完成作品的关键。

正在服装或配饰设计专业学习的未来设计师们可能已经考虑要选修一些物理计算方面的相关课程，或者去参观当地的创客空间，学习如何与电子产品打交道。这样的努力也许无法让一个人成为这一领域的专家，但因此获得的实际知识能让这个人与拥有相似体验和共同语言的人之间的合作成为可能。

案例分析

DIFFUS工作室设计的气候服装

气候服装是由哥本哈根设计工作室DIFFUS、瑞士刺绣公司福斯特·罗纳集团、丹麦研究型有限公司亚历山德拉研究所（Alexandra Institute）和丹麦设计学院合作设计的，其中泰恩·M.詹森（Tine M. Jensen）是时装设计师，卡琳·艾格特·汉森（Karin Eggert Hansen）是缝纫师。

该气候服装实现了在无显示屏环境下人与计算机技术之间的交互（图4.13）。衣服感测空气中的二氧化碳浓度，并根据接收到的信息产生不同的发光图案。发光图案随着光的脉动而变化，有时缓慢，有时短促有力，有时呈不规则变化。

作为合作伙伴，福斯特·罗纳集团通过创新的生产工艺将软电路直接集成到刺绣中。为了更好地将微控制器集成到整体刺绣中，福斯特·罗纳集团使用了与传统刺绣纱线品质非常相似的导电丝线，不但大大提升了设计美感，而且实现了从概念到成品的无缝连接。通过这种方式，所有的功能元件虽外露但不影响设计的完美（图4.14和图4.15）。

图4.13 由多位不同学科领域专家合作设计的气候服装

像这样的项目，如果没有不同专家的渊博知识，是不可能完成的。这包括一位训练有素的时装设计师进行服装构思，几位具备微电子知识的技术专家，一位交互设计师，还有像福斯特·罗纳集团这样具有电子纺织品创新能力的专门公司，掌握着将功能电子元件无缝集成到美丽织物中的制造工艺，另外还需要一位经验丰富的缝纫师把整件衣服缝合起来。该项目由嘉士伯的“Idé-legat”和亚历山德拉研究所联合资助。

图4.14 气候服装特写。注意看，LilyPad Arduino已成为面料再造设计的一部分

图4.15 气候服装细节，展示了LilyPad Arduino是如何作为刺绣的一部分缝在服装表面的

访谈1

麦克尔·古列尔米（DIFFUS联合创始人）

DIFFUS是一家位于哥本哈根的设计工作室，该工作室的设计师在美学背景下使用物理计算来研究艺术、设计、建筑和新媒体的理论及实践方法。他们的任务是在无显示屏环境下支持人机交互，他们的作品将传统技术、模式化的生产方式与未知的“软”技术结合在一起（图4.16）。

DIFFUS设计工作室由麦克尔·古格列尔米（Michel Guglielmi）和汉娜-路易丝·约翰内斯（Hanne-Louise Johannesen）联合创立。麦克尔是一名实体媒体和互动设计师，一直在丹麦皇家美术学院建筑与设计学院教书。汉娜-路易丝拥有艺术史硕士学位，曾在哥本哈根大学视觉文化系担任助理教授，目前在丹麦信息技术大学教书。

作者：请问气候服装的创新设计过程是如何展开的？你们是从互动设计概念开始的，还是从服装风格设计开始的？

麦克尔：我们受邀在2009年哥本哈根COP15气候峰会期间设计一个项目。我们很快就考虑选择设计一件与气候问题相关的服装，这也正好契合峰会的主题。我们觉得应该设计一件可以和环境直接发生交互的服装，因此产生了这个想法并完成了这个设计。为了达到美学设计效果，在设计过程中做决策时，我们问了自己这样一些问题：

是否能想象一件服装结合了传统工艺的感官品质和新技术的复杂特性？

是否能揭示服装的技术复杂性以增加审美价值？这样一来，技术特征就可以成为整体设计的一部分，同时发挥功能性和装饰性的作用。

是否能在传统刺绣和图案制作之间提出一种全新的关系，使装饰和功能合二为一？

图4.16 气候服装是由DIFFUS设计工作室与技术专家和时装设计师合作创新的获奖设计之一

我们想到了古斯塔夫·埃菲尔（Gustave Eiffel）是如何应用钢铁构架技术实现结构设计和装饰设计的完美结合，建造了埃菲尔铁塔，使其成为机械时代具有现代美学特征的标志。

但如果你问我们是从交互设计概念开始的，还是从服装风格设计开始的，答案一定是不能只从一个方面开始。事实上，我们总是将不同的方法结合运用到项目开发中，以确保它们并行发展。在我们看来，技术和交互的设计是一个复杂的集成设计过程，从头至尾需要解决各种复杂性和开放性的问题。如果不这样做，项目可能存在巨大的隐患，其技术部分可能只是浮于表面的设计而没有真正融入作品，并与设计成为一体。

作者：你们是如何有序地组织研发过程的？所有这些参与者多久召集一次会面？大家如何分享信息？

麦克尔：我们的时间非常短，大约两个月。我们必须快速且大胆地做出决策，推进项目朝预期目标前进。课程期间我们与一位时装设计师和一群来自丹麦设计学院的学生密切合作，还与亚历山德拉研究所负责技术实施的两名技术人员定期会面。这些合作以及所有专家们的信息共享让我们对如何利用技术进行设计有了深入的了解。

作者：来自不同学科领域的团队成员进行沟通与合作时，团队内部是否开展相互学习的活动？比如服装设计师与交互设计师之间？

麦克尔：在DIFFUS设计工作室，我们有过与学生或教师、技术人员及先前项目合作者的合作经验。DIFFUS通常在项目团队的不同成员之间充当调解人的角色。在这方面最有趣的经历是与我们的工业伙伴福斯特·罗纳集团之间的合作，这是我们与时尚界首次牵手，所以走了一点弯路。但正是这些曲折的经历及其成果让我们收获最多，也成为我们与福斯特·罗纳集团以及其他工业伙伴进一步合作的宝贵财富。

此外，基于和设计师以及创意人员的定期合作，亚历山德拉研究所的技术人员积累了丰富的实践经验。最大的挑战可能来自那些没有经历过多学科设计方法的学生。当然，学生们对这样的项目有不同的看法。大多数人适应得非常快，但有些人觉得这种工作方式与他们的常规设计实践相去甚远。

作者：最初的款式设计是否依据交互设计师的反馈意见或基于福斯特·罗纳集团的软电路布局要求而改变过？服装设计师的设计是否会影响电路的布局？

麦克尔：这种相互作用在刺绣的设计中起着主要作用，并间接地影响了应用刺绣的服装设计。本可以增加更多具有更强处理能力的LED，但我们需要把自己限制在明确二氧化碳水平与LED图案之间的交互规则上，这些明确的规则影响了电路布局的设计和所需算法的设计。如前所述，该项目的各方面都相互交错影响，因此任何一个方面都不能走得太超前，这一点非常重要。

关于福斯特·罗纳集团的要求，我们非常惊讶地发现，刺绣软电路对我们的设计来说是一个非常通用和适应环境的解决方案。基于对刺绣工艺的局限性和电子物理定律的洞察，我们不得不做的调整微乎其微。

作者：你们使用了LilyPad Arduino来实现这个项目。您能再给我们讲讲关于选择现有电子平台的原因以及在使用现有工具包时遇到了哪些可能性和局限性吗？

麦克尔：我们必须抓紧时间工作，缩短生产时间。LilyPad是完成这个任务的完美之选，而且探索其独特形状及引脚布局的可能性也是很有趣的。

关于局限性，LilyPad的性能水平与任务相适应，但由于其本身的引脚数量不足，我们必须增设LED控制器，重新安排引脚功能，不过要实现这个需求还是很容易的。另一个局限可能就是美学视角下LilyPad的独特涵义，因此，我们还制定了专门的解决方案，以便于将来做类似的作品。这次的方案解决了技术局限性以及美学问题。

作者：对于那些想要迈入此领域的年轻服装设计师们，您有什么建议吗？

麦克尔：基本上和成为任何优秀设计师的建议是一样的。要开放思想，充满好奇心，培养自己能够随时在不同领域的广阔空间和过往的历史中发现灵感。科技作为元素或材料的应用要和任何其他元素和材料的应用方法一样，永远不要把它作为后来添加的元素。同时，做好在多学科背景的团队中工作的准备。最后，要坚持，不要放弃。

教程

如何使用数字万用表进行连续性/连通性测试

万用表是扩展工具包中最重要的工具之一。万用表可以测量电路的连续性、电阻、电压，有时还能测量电流、电容、温度等，它确实是一个具有多种功能的小工具。万用表的种类较多，可以满足软电路项目中所需的基本功能。如今大多数万用表都是数字万用表，简称为DMM（digital multimeter）。请选择一个在尺寸、功能和易操作性方面都最为满意的万用表，确保它能进行连续性测试并配有蜂鸣器。可能需要的其他功能如下：

- 低至10Ω（或更低）、高达1兆Ω（或更高）的电阻值测试
- 低至100mV（或更低）、高达50V的直流电压测试
- 低至1V、高达400V（或美国/加拿大/日本为200V）的交流电压测试
- 二极管测试

本教程将教授如何检查电路的连续性或连通性。当元件引线相互进行了导电连接，并实现电流不间断流动时，就表明电路是连续的。电路检查可以帮助判断电路是否连通或者哪里断开了。电路可能在烧坏的LED处断开，或者在导电线连接松散的地方断开，导致LED或电源连接不畅。这样的电路连接错误可以使用万用表上的一项基本功能“连续性检查”进行查验。

应用万用表可以检查各种材料和软电路的连续性。当检查连续性/连通性时，万用表将通过连接电路的引线发送一股微电流，如果电流能以最小电阻或零电阻状态回到万用表的另一端引线，就表明电路为连通状态。有时候有效的连接也可能会显示“short”（短路）字样，在下面的测试中，当连接通畅时，你会在万用表的屏幕上看到此信息。

所需材料

万用表、平纹织物、导电织物和一个已组装好 LED 的软电路。

步骤1（图4.17）：打开万用表，将数字万用表旋钮转到连通模式，此模式有时会带有一个音频图标。一些数字万用表也兼作二极管测试器，并具有二极管模式。

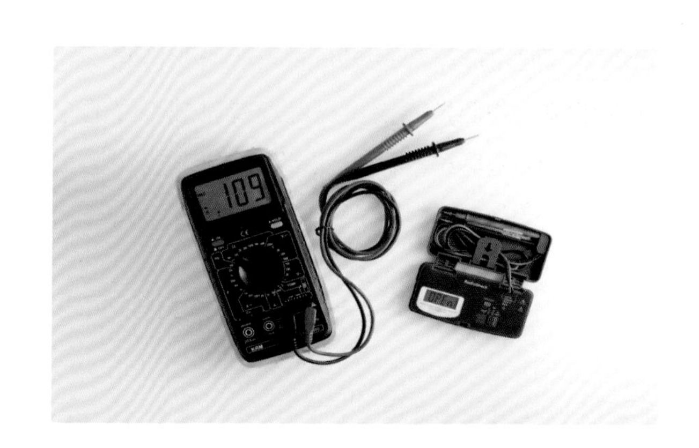

图4.17 步骤1

步骤2（图4.18）：先测试普通非导电织物。把之前准备的平纹织物放在面前，一手拿一支测量笔。

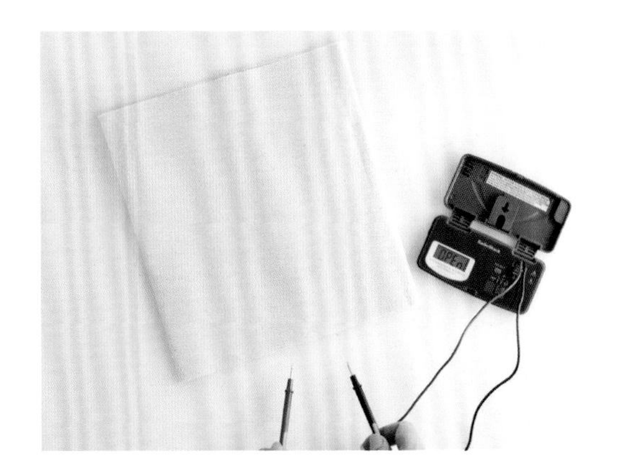

图4.18 步骤2

步骤3（图4.19）：同时将两支测量笔的金属头与织物相触，并保持稳定。因为没有可被测试的电路，织物也不导电，万用表不会发出任何声音，屏幕显示“open”（断开）字样，表示电路没有连通。

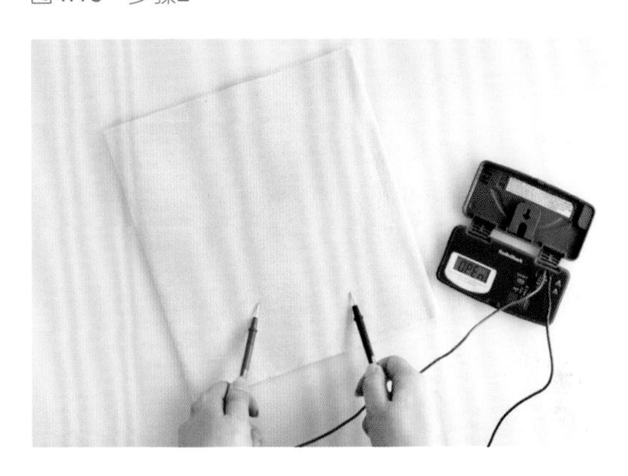

图4.19 步骤3

步骤4（图4.20）：然后测试导电织物。把之前准备的导电织物放在面前，双手各拿一支测量笔。

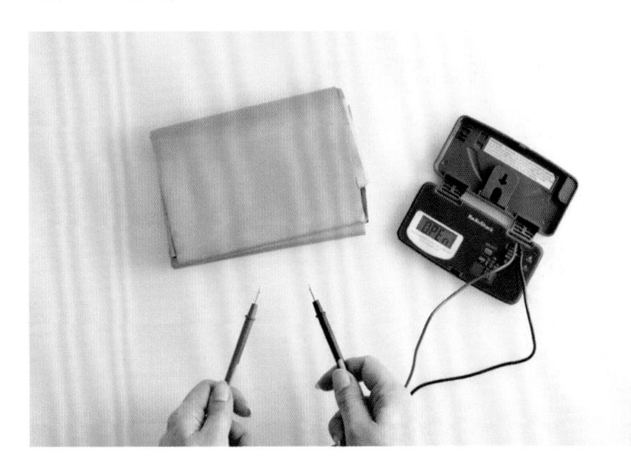

图4.20 步骤4

步骤5（图4.21）：同时将两支测量笔的金属头与织物相触，并保持稳定。虽然没有可被测试的电路，但织物是导电的，所以万用表会发出声音，屏幕显示“short”字样，表示电路是连通的。

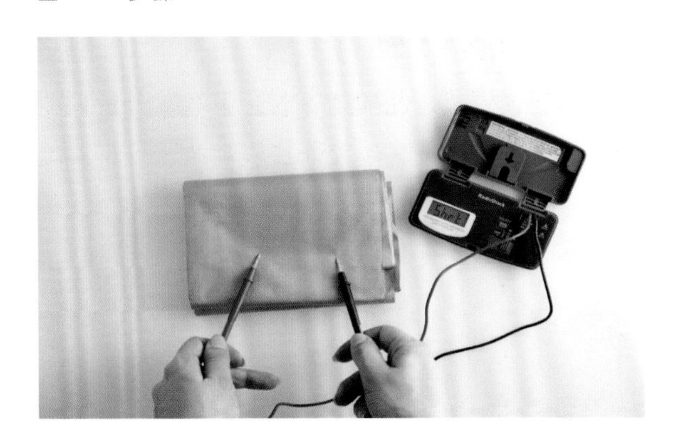

图4.21 步骤5

步骤6（图4.22）：测试已有软电路。这个测试要检查导电缝纫线的连通性。同时将数字万用表测量笔的金属头与缝线上两个点的相触并保持稳定，确保金属头接触到导电缝纫线。如果电路是连通的，万用表会发出声音，屏幕显示“short”字样。

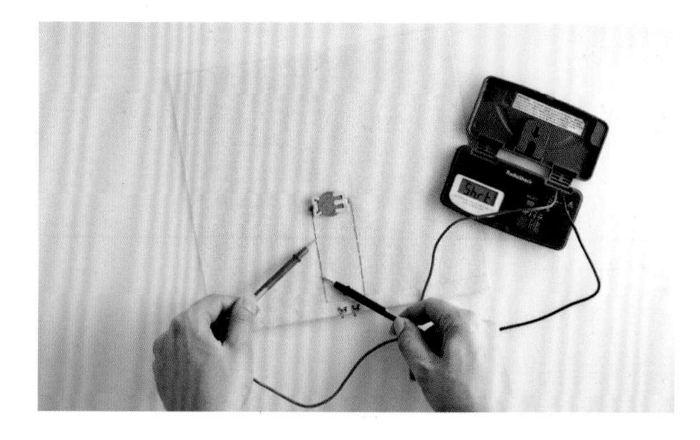

图4.22　步骤6

步骤7（图4.23）：测试已有软电路。这个测试要检查的是电池座的连通性以及导电线与电池座每个引线端的连接情况。将数字万用表测量笔的金属头与电池座两端的导电线相触并保持稳定，确保金属头接触到导电缝纫线。在图示的测试中，万用表没有发出声音，屏幕显示“open”字样，表明所测试电路中有中断处，可能是某个线结松了，导致电路连接不畅。接着用测量笔分别检测电池座两端缝纫线和电池引线的连通情况，从而判断哪一个端点出现连接故障，然后进行修复。

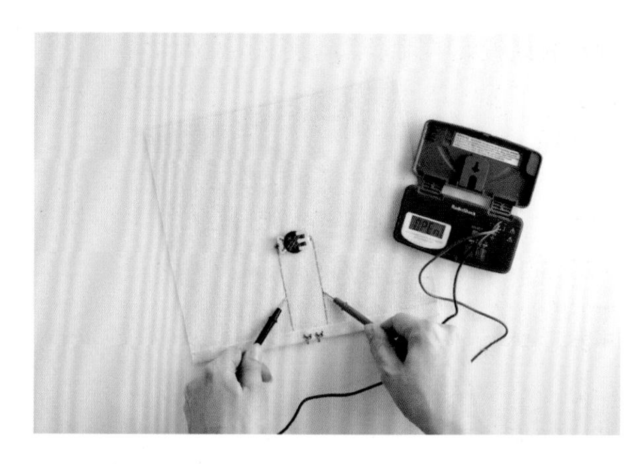

图4.23　步骤7

骤8（图4.24）：测试已有软电路。这个测试要检查的是可缝纫LED的连通性以及导电线与每个LED引线的连接情况。将数字万用表测试笔的金属头与LED两端缝纫线上的两个点相触并保持稳定，确保金属头接触到导电缝纫线。在图示的测试中，万用表发出了声音，屏幕显示“short”字样，表明电路是连通的，电流不间断。

可应用此方法检查任何电路，或是排除软电路连接故障。对于检查有多个LED或其他元件的复杂电路，其操作亦简单便捷。

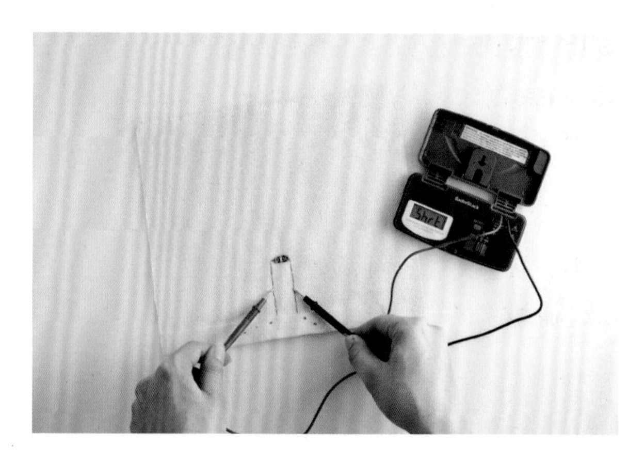

图4.24　步骤8

访谈2

贝基·斯特恩（阿德弗里特工业公司可穿戴电子产品总监）

贝基·斯特恩是阿德弗里特工业公司可穿戴电子产品总监（图4.25）。自2005年以来，她一直致力于纺织品与电子产品的结合，协助阿德弗里特旗下的FLORA品牌开发与Arduino兼容的可穿戴产品系列。她每周发布一个新开发的手工DIY作品教程视频，并且还在YouTube上主持直播节目“贝基·斯特恩的可穿戴电子产品”。贝基曾在帕森斯设计学院和亚利桑那州立大学学习，目前就职于视觉艺术学院，教授硕士研究生产品设计课程。

作者：您的背景是怎样的，您又是如何进入可穿戴技术和DIY电子产品领域的？

贝基：我的成长过程中伴随着许多的DIY。我的父母热衷于家居改造，我很早就跟着他们学会了缝纫、编织、烹饪、摄影以及许多有创意的技能。他们鼓励我尝试任何我觉得有趣的事情，真的是许多事情。高中的时候我就对视频非常感兴趣。我去帕森斯设计学院读硕士研究生，在物理计算课程“设计与计算”上学习了电子学。我做了一组长毛绒发光牛排，这成为我在*MAKE*杂志上发表的第一个教程，也确定了我的定位：从事将电子与柔性纺织材料和传统工艺技术相结合的创作。

作者：您现在担任阿德弗里特可穿戴电子产品总监，请问您的主要工作内容是什么？

贝基：我是一位媒体制作人，我选择的主题是可穿戴设备。我为客户创建运用阿德弗里特硬件可构建的DIY项目，然后定期完成编写、导演、拍摄、编辑视频和图片教程等工作。我每周在YouTube上主持关于可穿戴设备的直播，并在阿德弗里特博客上发布很棒的DIY可穿戴设备以及行业新闻的帖子。我也监督阿德弗里特的YouTube频道，与在阿德弗里特工作的其他富有创造力的有志之士一起并肩工作。我全面负责所有相关事

图4.25　阿德弗里特工业公司可穿戴电子产品总监贝基·斯特恩

务。在Final Cut Pro这个软件的视频剪辑工作上我投入了大量时间，此外还要处理电子邮件，用数码单反相机取景拍摄等。

作者：您当前正在进行的工作是什么？

贝基：每天、每个星期都在变化，我建议关注阿德弗里特博客和可穿戴设备视频的每周更新。

作者：您参与了很多DIY电子设备工艺和可穿戴技术的社区论坛活动。您认为这个领域的吸引力是什么？为什么人们会被吸引？

贝基：我真的很喜欢技术实验。对我来说，手工制作是一种趣味盎然且创意无限的游戏和学习方式，部分原因是我进入电子设备这一领域时就有着丰富的手工制作技能经验。所以我认为，像我这样的人会被可穿戴设备吸引，开始涉足电子设备领域，是因为他们能够凭借纺织品专家的经验，在这个令人望而却步的领域中很快获得成

功。另外，他们的电子产品不再是只能放在家里的工作台上，而是能让人穿在身上四处展示，我相信这也是令人欣喜的。我们的终极目标不只是学习Arduino硬件开发，而是在可穿戴设备的帮助下通过时尚来表达自己，正是这一点吸引了有创造力的创客们。

作者：对于当前可用来创作时尚电子产品的工具您有什么想法？

贝基：现在是从事DIY可穿戴设备开发的最好时机。我加入阿德弗里特是为了协助研发FLORA品牌系列主板和传感器，专攻微控制器、灯和传感器，使其比以往更容易安装在服装和配饰上。用于电子纺织品的工具和组件都有了更大的选择余地，很高兴我们现在有了不锈钢缝纫线，能代替我起步时使用过的易破损的银质导电缝纫线。

除了这些实体工具，现在网上还有大量有关DIY可穿戴设备的信息和在线教程。如果你有了一个项目构思，基本上就能找到包含了80%方法的相关教程，这在2013年以前的可穿戴设备领域是做不到的。

作者：这些工具是如何发展到今天这样的功能的？

贝基：这需要整整一本书的讲解才能让我们真正了解这些工具发展至今走了多远的路。实际上，刚好出版了这样一本新书！书名是《构建开源硬件：黑客和创客的DIY制造》（*Building Open Source Hardware: DIY Manufacturing for Hackers and Makers*），作者是艾丽西亚·吉布（Alicia Gibb）。

作者：运用像LilyPad或Adafruit Flora这样的现成系统做设计的优缺点是什么？

贝基：最大的优势就是你运用针对可穿戴设备的专门设计可以走得远，走得快，尤其对于新手！

作者：作为您在阿德弗里特工作的一部分，您研发了一系列内容广泛的电子和可穿戴设备制作教程。其中您最喜欢哪个？为什么？

贝基：在我所写的数百个教程中，选择一个最喜欢的是不可能的。不过，最受欢迎的可穿戴设备项目有步行可激活的蹈火者运动鞋、GPS自行车头盔以及音量反应领带。

作者：在软电路和电子设备领域，您期待看到什么样的创新技术？

贝基：我期待看到更多可以桥接纺织和科技的材料，如Plug&Wear品牌的纺织电路板，就可实现将元件直接焊合在其上。我认为需要更多的跨领域创新者，如继承家族纺织企业的电气工程师，为这个市场带来更多的创新。

作者：对于那些对这个领域有兴趣的年轻设计师们您有什么忠告？

贝基：不要害怕开创自己的路。只要跟着你的兴趣前行，就会在你的专业领域取得成就。尽可能快速而粗略地完成创意原型从而快速获取失败经验，然后再进行反复修改。在开展大型项目或多人项目之前要多做项目练习，以免因遭遇失败而心灰意冷。要寻找与自己有互补技能的合作者。

作者：对于没有自信运用科技和电子设备的服装设计师们您有什么建议？

贝基：我们已经编写了许多教程帮助你启程！从小处开始，且做好一些初期项目失败的心理准备。电子产品和编程并不比装拉链或你熟悉的其他技术更难，但像多数有价值的事情一样，需要通过实践才能掌握好。你可以在谷歌的视频群聊平台Hangouts查阅每周更新的阿德弗里特电子产品展示与讲解，我们已经看到有大量粉丝在学习和使用我们的教程。网络社区是一个让你的构思和创作获得支持的极好资源！

内容回顾

1. 通用型服装设计师工具包和科技服装设计师的拓展工具包有什么区别?
2. 最可靠的DIY电子设备在线信息资源有哪些?
3. LilyPad品牌的Arduino电子板有哪些元件?
4. 电池座如何应用为软电路中的开关?
5. 微控制器的外围设备是什么?
6. LilyPad平台提供哪些类型的传感器?
7. 组件如何帮助服装设计师进行设计和研发?
8. 万用表的作用是什么?

讨论

1. 设计项目需要什么样的合作者?
2. 可以使用哪些传感器? 如何使用?
3. 你是否有过制作嵌入式电子产品DIY项目的经历? 如果有，从中学习到了什么?

延伸阅读书籍推荐

Buechley, Leah, Kanjun Qiu, Jocelyn Goldfein and Sonja De Boer. *Sew Electric: A Collection of DIY Projects That Combine Fabric, Electronics, and Programming*. HLT Press, 2013.

Eng, Diana. *Fashion Geek: Clothes Accessories Tech*. N.p.: North Light, 2009.

Gibb, Alicia. *Building Open Source Hardware: DIY Manufacturing for Hackers and Makers*. Upper Saddle River, NJ: Addison-Wesley, 2015.

Hartman, Kate. *Make: Wearable Electronics: Design, Prototype, and Wear Your Own Interactive Garments*. Sebastopol: Maker Media, 2014.

Lewis, Alison, and Lin Fang-Yu. *Switch Craft: Battery-powered Crafts to Make and Sew*. New York: Potter Craft, 2008.

O' Sullivan, Dan, and Tom Igoe. *Physical Computing: Sensing and Controlling the Physical World with Computers*. Boston: Thomson, 2004.

Pakhchyan, Syuzi. *Fashioning Technology: A DIY Intro to Smart Crafting*. Sebastopol, CA: Make, 2008.

Rizvi, Syed R. *Microcontroller Programming: An Introduction*. Boca Raton: CRC, 2012.

Stern, Becky, and Tyler Cooper. *Make: Getting Started with Adafruit FLORA: Making Wearables with an Arduino-compatible Electronics Platform*. Sebastapol: Maker Media, 2015.

第5章

数字化制造概论

本章概述了数字化制造技术，阐明了相关概念、术语，以及应用数字化技术进行设计所需的工具，涵盖了3D打印、激光切割以及加工方面的相关技术。

读完本章读者能够：

- 对数字化制造衍生的服装设计新形式和科技材料的应用有更深入的了解，并对这个过程如何打破现有的构造和设计方法有更深刻的认识
- 在设计作品中考虑应用数字化制造方法和进行结构设计
- 理解3D打印是如何影响那些掌握新技术的设计师进行创新设计的，学习设计和制作3D模型的技能，掌握在服装设计实践中所学的方法
- 了解各种制作工具，了解快速打样与大规模生产的不同需求及功能，能够识别对应需求的适用设备以及使用对应需求的资源
- 学习数字化制造所需要的新技能
- 了解在整个设计和开发过程中为何需要协同合作以及如何进行合作

接受传统时装教育的设计师们，即使拥有丰富的企业经验，可能依然比较缺乏关于持续飞速发展的数字化制造方面的技能和知识。例如，3D打印技术需要操作者使用3D建模软件生成每个模型，这一过程有自己的创新周期，需要借助专门机器来完成，还需要随机应变。激光切割需要创建专门格式的文件控制蚀刻和切割过程，操作者应掌握激光切割技术以及材料的相关知识，能够针对不同材料选择不同的切割设备，从而创作出美观的设计作品。

对于刚加入时装和饰品设计项目的设计师新人来说，建议多参加一些选修课程，学习当前该技术领域最为流行的应用软件，例如现在较为流行并广为应用的3D模型软件Solid Works和Rhino。这些软件以往主要用于产品设计和建筑设计，而在时尚设计方面的应用，特别是珠宝设计、鞋履设计，或者建模等方面的应用价值也是不可估量的。

本章概括介绍数字化制造技术，引领读者应用这些技术在时装或饰品设计中实现自己数字化设计的设想。

数字化制造概述

数字化制造是一个专业术语，通常是指通过计算机控制机器进行加工的制造过程。就不同产品加工而言，该技术的应用范围颇为广泛，但都具有由设计师编制程序控制机器进行加工生产的共性。

1952年麻省理工学院的研究人员创造了第一台数字化制造工具——数控雕刻机。此后，数字化制造领域迅猛发展，涌现出大量的技术、设备和工艺，为设计师们创造了运用新材料和新技术创新设计服装和配件的机遇。许多现有的工具和技术源于其他设计领域，或者来自小规模生产或私人制作。

数字化制造既可用于产品开发，也可用于精加工，设备或加工方式的选择往往取决于设计师在整个生产周期中所处的工作环节。正如本书中列举的所有实例，协同工作是成功设计的关键。在数字化制造案例中，设计师通常要与其他学科的技术人员和专业人士协同工作，如建筑或产品设计等。当然，除了建筑和产品设计以外，时尚教育也已开始专研这个领域，数字化制造技术在产业应用中的广泛扩增也促进形成了新的就业市场。

在本书前面的章节中介绍了基础电子设备、反应材料以及DIY工具包。对于数控加工来说，数字化制造的发展深受科技迅猛发展的影响。例如，创客运动的契机推动了DIY工具包的发展，同样也促进了3D打印的普及和应用。不过，数字化制造技术本身也面临着设计方面的各种挑战，电子元件或是计算机交互功能不一定包括在内。虽然许多设计师选择团队协作或外包服务来实现数字化制造部分，但对于设计师来说，谙熟数字化制造技术才能更好地理解如何将其应用到设计作品中。

应用于数字化制造的软件和设备有不同的精

图5.1 threeASFOUR在2014春季发布会上展示的激光切割皮裙（a）与3D打印裙（b）（threeASFOUR时装秀，梅赛德斯－奔驰时装周，2013年9月8日）

度和价位，因此在这个领域着手学习和实践变得简单易行。和电子设备DIY社区一样，这里也有一些网络论坛、工作室和研讨会，供大家相互学习和支持。许多公司现在还针对不同预算提供相应的技术服务。设计师也更倾向于应用数字化制造技术完成自己的设计作品。

伴随着这些需求，数字化制造的特殊功能激发了新的设计形式和方法。激光切割机能够在织物或皮革上制作复杂的图案，3D打印机能够实现通常手工制作无法做到的复杂的三维形状，这两种技术为设计师创造了新的机遇。在生产过程的各环节，设计师们可以定制所需材料和零件，如果没有这些技术，设计师需要花费更多的时间和金钱，以及多位合作伙伴的错综复杂的协调配合。随着成本的下降，激光切割机和3D打印机变得越来越普遍，这些技术在大学和个人的工作室中得到广泛应用。

制造设备的类型

如上所述，数字化制造是一个涵盖性术语，包含一系列计算机控制的制造技术，包括多种机器和工艺。值得注意的是，数字化制造设备根据不同的设计功能主要分为两种类型：

- 减法制造设备：这类设备可以对块状或片状材料进行雕刻或切割，激光切割 机和数控雕刻机都属于此类型。
- 加法制造设备：通过逐步添加少量材料累积直到物体创建成型的制造方法称为加法制造，3D打印机就是加法数字化制造技术设备的实例。

每种类型的设备都需要某种类型的软件文件来指定要创建的对象类型。不同类型的机器需要不同的文件类型。有些机器只接受特定类型的文件，其他机器或许能够将各种类型的文件转换为生成最终对象所需的指令集。

在各种数字化制造设备中，激光切割机、数控雕刻机和3D打印机在时尚界的应用越来越普遍。在下面的章节中，将讨论每一种机器在设计方面的可能性。虽然还有其他的数字化制造设备和工具可以应用于时尚，但本书将重点介绍这三种。值得注意的是，尽管许多数字化制造工具是伴随着其他领域的需求应运而生的，但它们已经在产品设计和时尚设计领域得到应用。此外，除了本书关注的激光切割机、数控雕刻机和3D打印机，未来可能还会出现其他值得考虑的数字化制造工具。

激光切割机

激光切割被定义为减法数字化制造工艺。顾名思义，激光切割机是用激光熔化、燃烧或汽化铺在平板上的材料，包括塑料、金属、纸张、硬纸板、皮革以及各种纺织品。激光切割机根据指定的数字化格式文件切割图案纹样，文件的确切格式取决于要使用的激光切割机的品牌，但通常Illustrator文件能够清晰地指示切割和蚀刻范围。有时这些图案纹样是通过彩色线条或者笔画粗细来表示的。

激光切割机既可以进行穿透切割，也可以进行表面处理（如蚀刻），不过关键是要事先测试材料，因为激光会在某些材料（如皮革）的表面上留下灼伤痕迹。激光切割机尤其适用于在亚克力（图5.2、图5.3）和皮革（图5.4）材质上雕刻精美的图案。若用手工创建这样的细节要么太复杂，要么太耗时，几乎不可行，而机器所能达到的复杂程度是无人能及的。设计师经常使用激光切割来制作定制的服装吊牌和标牌（图5.5）。以上只是激光切割机在时尚行业中的一些创新性和

图5.2　激光切割机正在切割亚克力材料

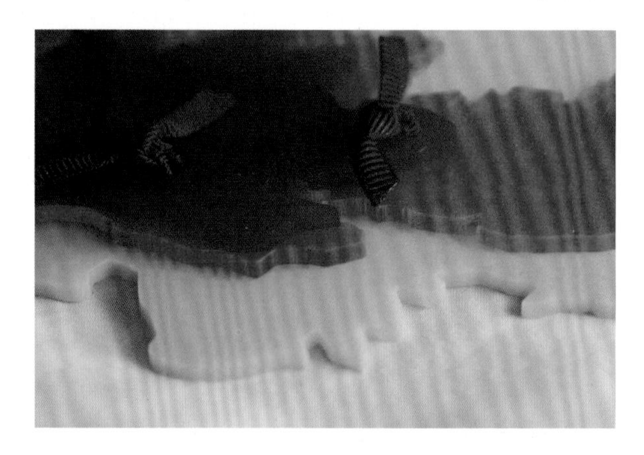

图5.3　安妮塔·热那亚设计的项链：激光切割的三层亚克力材料，用缎带蝴蝶结连接在一起

图5.4　安妮塔·热那亚设计的激光切割皮裙细节

图5.5　劳拉·西格尔设计作品的服装吊牌。这张厚厚的纸质标签是用激光切割机蚀刻制成。这其中的“灼痕”不但和她的设计作品概念十分契合，而且增强了作品的美感

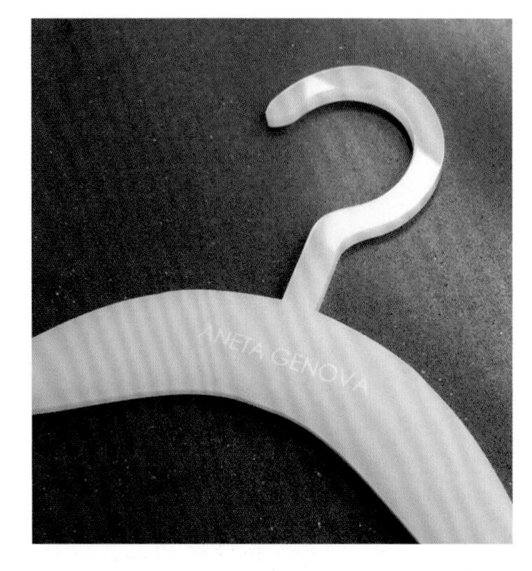

图5.6　安妮塔·热那亚设计作品的亚克力衣架上有用激光蚀刻的商标

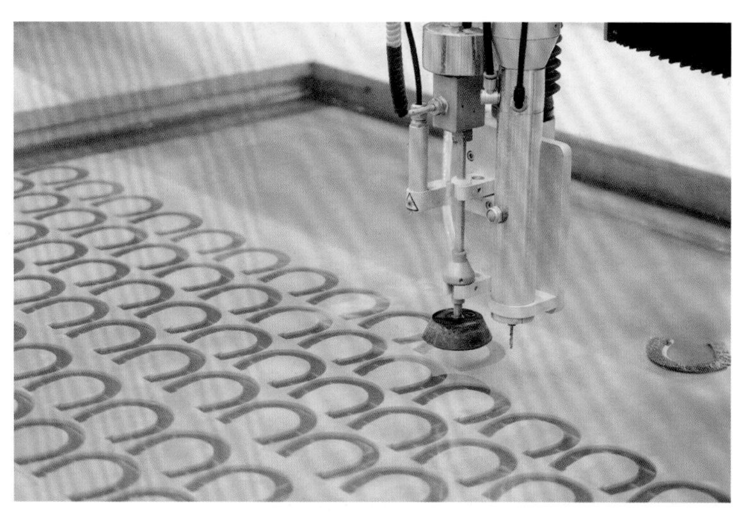

图5.7　数控雕刻机能精确地雕刻出图案而不会灼伤其边缘

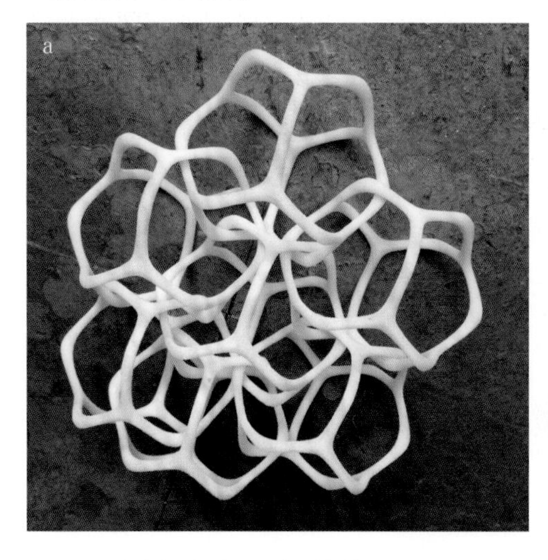

图5.8　由布拉德利·罗滕伯格制作的用于threeASFOUR 时装作品的3D打印联锁ABS塑料

功能性应用，其他应用还包括在衣架或展示材料上通过蚀刻添加品牌元素等（图5.6）。

数控雕刻机

数控雕刻机是由电脑控制的切割机器。数控雕刻机起初用于木材和金属加工，现在则越来越多地用于时装纸样的大批量裁切。该设备可以一次性切割多层叠铺的面料，既能节省时间，又具有极高的精确度。

数控雕刻机也可以用于表面处理。对于像皮革这样的材料，激光切割时会在其表面留下明显的灼烧痕迹，因此最好用数控雕刻机来进行表面处理（图5.7）。皮革和厚重的织物都适合用数控雕刻机进行处理，而结构松散的织物容易拉伸和移动，除非将其附着于纸上固定到位，否则不太适合应用这种工艺。

3D 打印

3D打印是一种加法制造工艺。这个概念最初是指按顺序一层层堆积材料直至整个物体创建成型，现在这个概念还包括应用各种挤压加工和烧结加工技术，把各种材料从3D模型制作成实物，可打印的材料除了ABS塑料，还有各种金属、聚酰胺（尼龙）、聚酰胺填充玻璃、立体光刻成型材料（合成树脂）、银、钛、钢铁、蜡、光聚合物及聚碳酸酯等（图5.8）。

联锁的3D打印结构如同织物一样可用来创作服装和配饰，如图5.1b所示。这样的结构可被设计为虽密集但柔韧、轻盈且有空气感的外观和手感。这种工艺能变换出具有层叠效果的复杂结构，而且形式多样。

3D打印机（图5.9）使用.stl格式文件，这是大多数3D模型软件包通用的输出格式。创建3D模型实物的工序包括：先在软件中建模，然后输出.stl格式文件，最后选定打印机打印文件。3D打印机的价格由低到高其质量差异很大，通常低端打印机价格不高，用于快速打样，而高端打印机价格不菲，由打印公司依据创作者的文件提供打印服务。无论如何，在对作品精雕细刻之前，最好选用低成本的打印机进行产品加工试制和设计改进。用于创建3D打印模型的典型软件包有Rhino、SolidWorks和AutoCad等，Shapeways等一些公司也会用谷歌的SketchUp文件或者TinkerCad免费软件。

所有这些软件的开发环境原本并不是用于时尚设计的，通常这类软件来自产品设计、建筑设计、DIY和创客社区等领域。尽管如此，现在它们已经被越来越多地用于时尚领域，具有3D建模和打印技能的设计师也越来越受欢迎，特别是在饰品设计行业。

协同作业

活跃在数字化制造领域的设计师们积极与拥有数字化制造技能的技术人员开展合作，主要是产品设计师或建筑设计师，因为这些行业从事数字化制造的时间比其他行业更长。学习数字化制造工艺最好的方法就是动手实践，这样才能加强对数字化制造技术可实现的特定的“功能可视性”的理解。但实际情况是，在专业环境下，团队中通常有专门的技术人员会创建3D建模文件，并按照期望完成作品。随着数字化制造技术在时尚设计产业的不断渗透，这些技术人员将来会被拥有时尚专业学习的背景，同时又能够应用软件进行制造的人才取代。

图5.9 MakerBot® Replicator®台式3D打印机

案例分析1

布拉德利·罗滕伯格与 threeASFOUR

布拉德利·罗滕伯格与threeASFOUR品牌已经合作数年，他们的关系正如本章的访谈内容证实的那样，是共同成长且硕果累累的。布拉德利是一位受过专业教育的建筑设计师，他的工作定位于设计和技术的交叉领域。在他与threeASFOUR品牌的合作中，他专注于探索应用数字化手段塑型并使用3D技术打印时尚产品。

threeASFOUR品牌三人组因其对各种技术的试验探索以及在协同环境下开展创作而著名，这种协同合作的代表成果是专为在犹太博物馆举行的2014春季时装秀开发，并且随后在“Mer Ka Ba”展览中展出的3D建模鞋。这个设计的灵感来源于清真寺、教堂以及犹太会堂不同贴砖形式的几何结构，旨在促进不同的宗教，尤其是犹太教、基督教和伊斯兰教的跨文化团结。

这个样品在开发时先从鞋子的形状建模入手（图5.10）。在3D建模阶段，设计师确定了鞋跟的高度、鞋底的厚度以及上部的整体形状。

接下来的阶段，合作设计的内容包括鞋面的样板设计以及外观造型的创意设计。考虑到这个样板将用于鞋子，设计师们需要使其造型契合足部自身的曲面造型（图5.11）。在3D建模软件的帮助下，将平面样板转成能完美贴合足部的立体造型的转化过程变得简单易行。按照传统的做法，鞋子制版师要用布带覆盖鞋楦，然后在布带上制版，以确定鞋子的立体造型。这其实是一个相当繁琐且耗费人力的工序，而且通过传统做法得到的样板远不及应用科技所能达到的精确度。

当样板拟合到鞋子的3D模型上，设计师就可以在软件环境下从不同角度旋转和观察，以确定其比例和排布是否准确（图5.12）。如果不满意，这时还可以编辑和修改设计。

鞋子的造型还可以贴图到真人足部照片上，来模拟评判真人穿着的效果（图5.13）。这样做

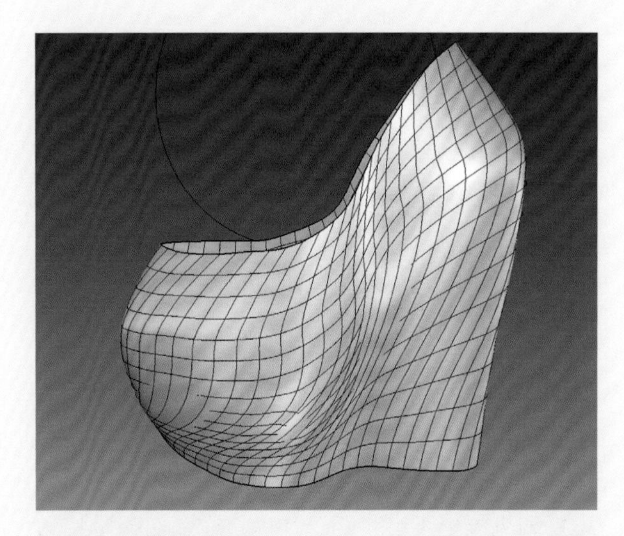

图5.10　布拉德利·罗滕伯格为threeASFOUR设计的3D建模鞋——建模

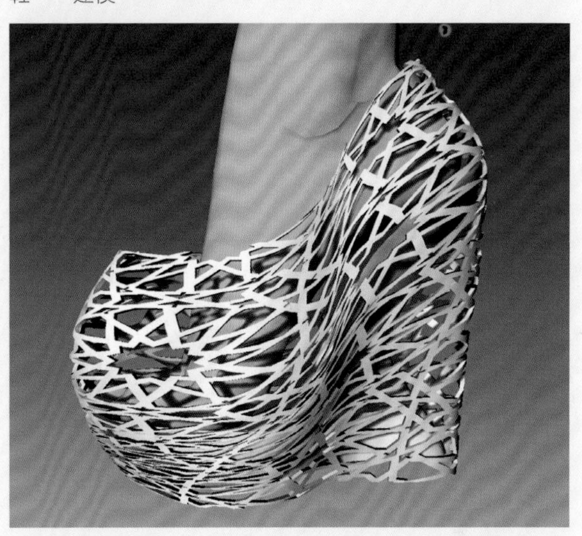

图5.11　布拉德利·罗滕伯格为threeASFOUR设计的3D建模鞋——制版

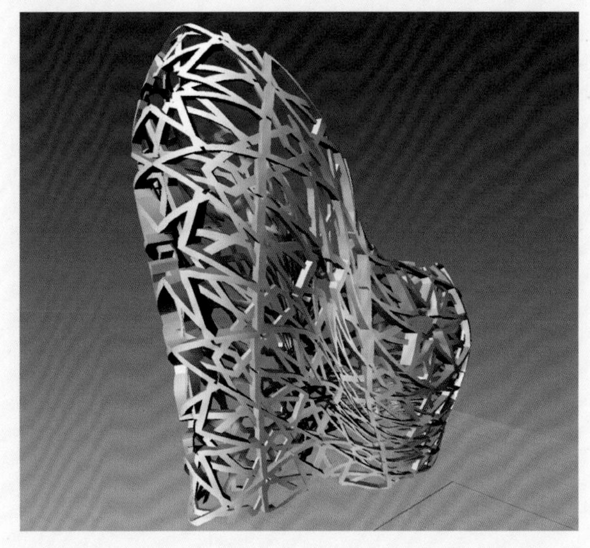

图5.12　布拉德利·罗滕伯格为threeASFOUR设计的3D建模鞋——后视图

图5.13　布拉德利·罗滕伯格为threeASFOUR设计的3D建模鞋——穿着效果图

虽然无法取代鞋子的真实试穿效果，但对于快速查看鞋子的比例、整体造型和穿着效果等方面不失为一个很好的方法。

当所有的调整和修改都确定后，团队开始制作3D打印鞋子的实物样品，进而模特试穿，配合服装系列进行搭配，以追求完美的展示效果。

在开发鞋子的最后阶段，决定选择什么材料进行实物制作非常重要，不仅要判断何种材料能让鞋子从外观到功能都呈现出最佳效果，还要考虑实际生产时3D打印每双鞋子的耗时。选用专业3D打印机，能在短时间内打印好几双鞋子，这对于项目的最终成功也是不可或缺的。

在图5.14中可以看到最终成品，将鞋子设计成白色是为了搭配2014春季时装系列中的这套白色服装。请注意，根据使用的材料不同，3D打印有多种色彩选择，甚至可以呈现色彩层叠和混合的效果。

图5.14　秀场展示照片（threeASFOUR 2014春季时装秀，2013年9月8日）

未来趋势

在数字化和计算机处理技术冲击设计、生产、商品制造和服务的环境下，数字化制造渗入时尚领域是大势所趋。虽然激光切割机、数控雕刻机以及3D打印机是当前时尚领域常用的数字化制造设备，但技术仍在持续发展着，因此不能保证这些设备长盛不衰。只有真正理解了数字化制造如何利用软件以及指令集通过数控设备进行实体商品制造的过程，才能探究其未来的发展趋势。的确有很多学者开始大谈纳米制造和生物合成技术，这些技术可应用于微结构设计和生物链重组，并最终影响材料性能，但目前这些技术的应用还不成熟，仅仅处于试验阶段，然而未来难料，也许它们会成为令设计师振奋不已的设计手段。

设计师要看到技术应用的可能性，能够通过多种途径将技术融合到自己的设计中。要做到这一点，一种方法是尽可能地将技术作为工具应用于开发设计、制作样品以及加工生产的各个阶段。艾梅·凯斯滕伯格的拜伦包（Byron bag）就是一个成功的案例，其表面纹理是运用激光切割创造的（图5.15）。

另一种关注技术的有效方法就是要抢占先机，进行创作并生成错综复杂的联锁造型，如图5.8所示，抢先将其应用于纺织品。本书第6章将概括介绍编程以及代码处理方法给设计创造的新机遇，包括在反复修改、试样的过程中，以及为了呈现最终作品而应用的技术。

图5.15　艾梅·凯斯滕伯格设计的十字交错的包袋，灵感来自澳大利亚的拜伦湾（Byron bay），其主体应用激光切割机在光滑的皮革表面创造出蛇皮纹效果

案例分析2

塔尼亚·乌索马祖尔设计的 TRIPTYCH

塔尼亚·乌索马祖尔设计的3D打印首饰是对身体运动的一种独特诠释，其作品呈现的极简造型是她建筑学教育背景的写照。戒指的形状总是能根据其所处空间而变化，同时又环绕着身体上的特定部位——在本例中是右手食指。塔尼亚在设计戒指的过程中研究了材料包裹手指的方式，并强调了手指独特的空间和造型条件（图5.16）。

在设计这些戒指时，塔尼亚起初反复试验了几种二维样板（图5.17），才创作出这个三维造型。在创作过程中，她反复试戴戒指，用这种方式让右手食指直接参与设计过程并完善设计。这就是塔尼亚所说的分层“铸造”，它捕捉了身体某特定部位的空间和形状特征（图5.18）。

塔尼亚在创作初期采取手工反复试验的方式展开了大量探索性试验。对塔尼亚来说，作品的制作从某种意义上成为了作品本身，正是这个设计过程本身直接塑造了这些作品，它也是这些作品设计中不可或缺的一部分。当塔尼亚得到了自己喜欢的形状（图5.19），就会用3D扫描这些纸质样品，创建出可以用于打印铸件的3D模型。3D打印的成品可以用不同的材质制作，如图5.20所示，依次为：应用3D打印的硅胶模具制成的青铜铸件和黑钢铸件、感光性树脂、弹性塑料和透明塑料。根据材料的种类不同，每个戒指的重量也不同，不同的材料不仅能赋予戒指独特的质感，还能改变戒指的佩戴方式。

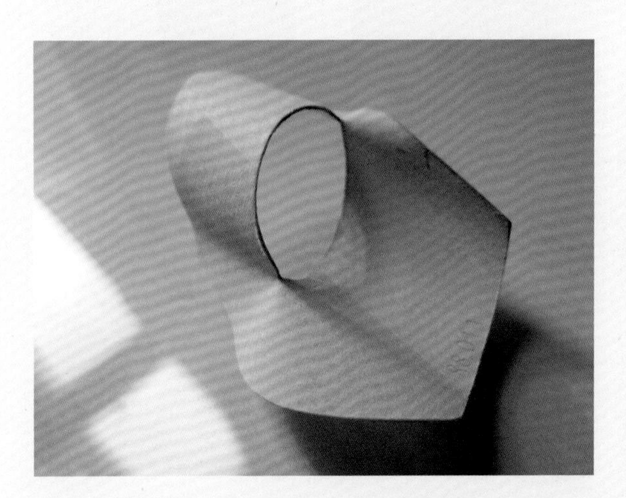

图5.16 塔尼亚·乌索马祖尔设计的3D打印戒指

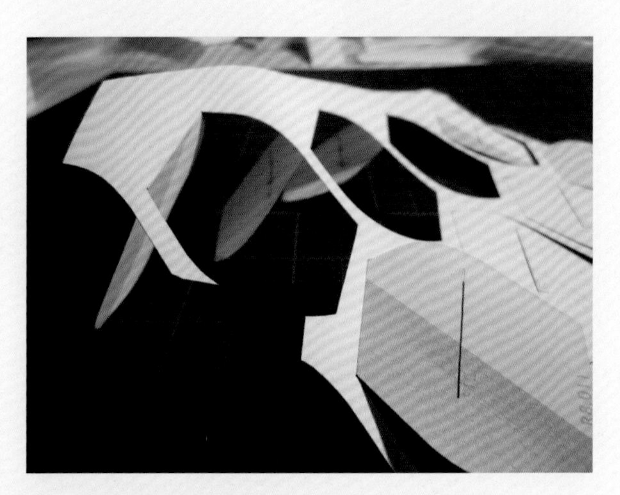

图5.17 探索初期曾使用过的激光裁割的二维样板

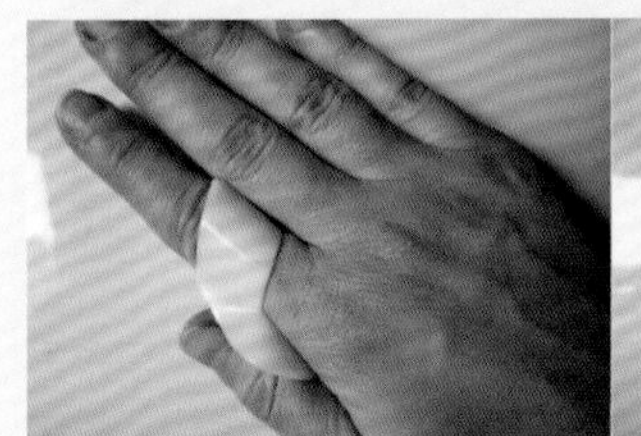
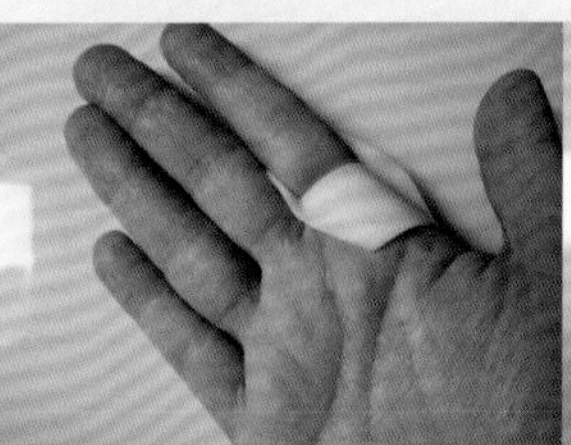
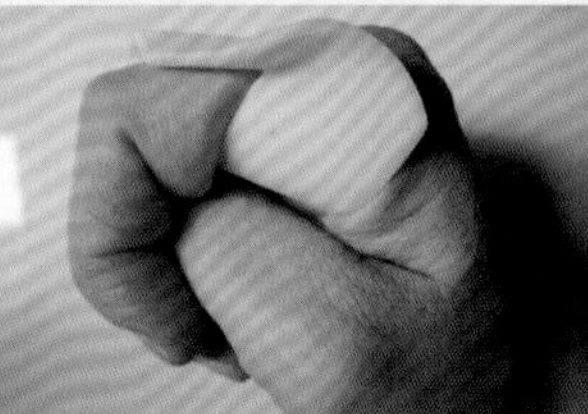
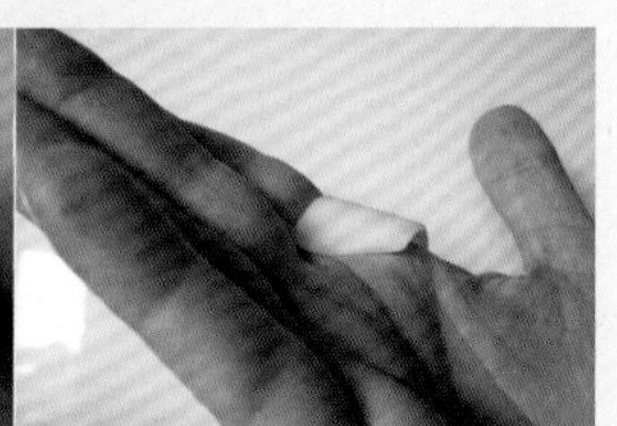

图5.18 图片展示了戒指围绕右手食指的空间和形状而形成的造型

图5.19　通过样品研究戒指形状的微小变化：（a）由于叠合形成戒指的塑型方式可以使其颜色产生交替变化，（b）戒指的造型可以使其互相堆叠起来

图5.20　应用3D打印技术制作的不同材质的TRIPTYCH戒指

最终，塔尼亚·乌索马祖尔结合自己的创作作品，形成了独特的加工技术，展现了自己反复试验尝试的过程如何影响并造就了最后的成果。创作的过程综合应用了传统方法和数字化技术，从手工探索开始，进而辅以科学技术，创建了一种传统工艺和数字技术无缝衔接的创作方法。可通过网站www.triptychny.com了解塔尼亚·乌索马祖尔的所有作品。

教程1

激光切割机

总的来说，激光切割是一项十分直观的工艺。虽然每台机器各有不同，但基本工艺大体一致。

所需材料

一块用来雕刻或切割的皮革、亚克力板或其他可经激光切割设备处理的材料，Adobe Illustrator 软件（安装在工作电脑上），以及一台激光切割机。

步骤1：概念形成。对于手工很难完成的复杂细节，激光切割机可以处理得恰到好处，这类数字化作品既有装饰性又有实用性。激光蚀刻法也称为刻痕法，可用于表面处理，在皮革处理上更具有优势。本教程将在金色的皮革上蚀刻花朵图案。

步骤2（图5.21）：运用Adobe Illustrator等应用程序，将设计图案转化为数字化格式线稿艺术文件。图5.21以AI文件呈现了设计好的蚀刻图案。检查确认要使用的激光切割机。本教程使用的切割机需要RGB颜色模式的文件。将表面蚀刻线条的颜色设置为：R：255、G：000、B：000，切割线条的颜色设置为R：000、G：000、B：255。激光切割机还需要对每种类型的线条进行粗细设定，本教程使用的线迹和笔画粗细设置为.001。

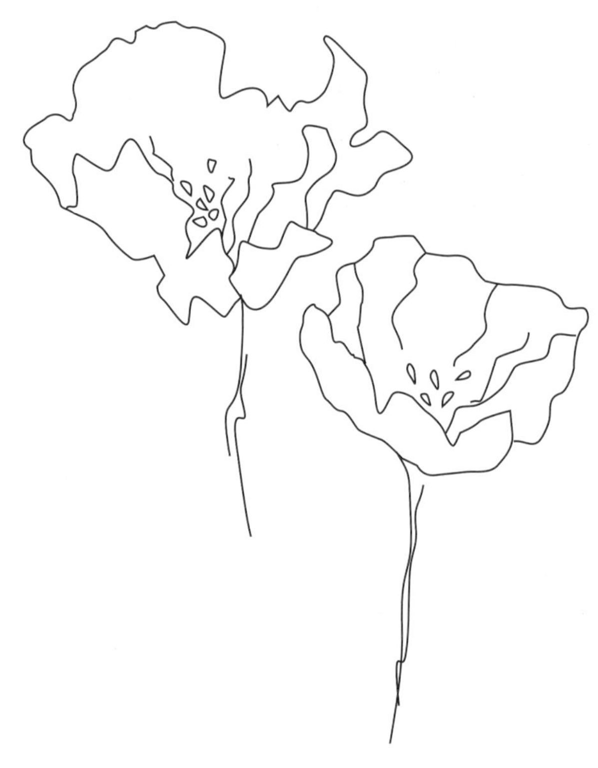

图5.21　步骤2

步骤3（图5.22）：将材料放置到机床上，如有需要可将其表面固定，比如用重物压住边角或将边角贴在机器边缘。确保重物没有覆盖住工作区域，并且预留出足够的空间，以免对切割梁架造成妨碍。根据所使用的材料校正切割机，使其适合选用材料的厚度。切割0.6cm厚度和0.3cm厚度的皮革时机器的设置是不同的，需要校准至特定的高度，尤其是在对表面进行蚀刻而不是全程切割的情况下，更要及时调整高度。

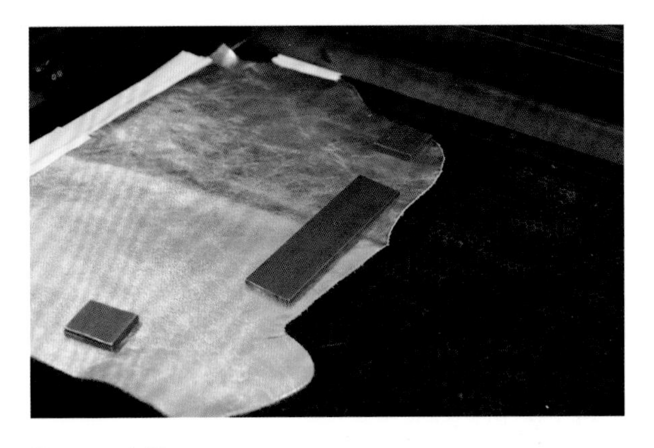

图5.22　步骤3

步骤4：通过切割机指示的使用方法，将文件发送至打印机，根据提示进行测试。选择与所用材料对应的预设值，还应考虑材料的材质和厚度等。

步骤5（图5.23）：当激光切割机开始工作时，需要仔细观察工作进程，一旦发现有任何异常，立即关闭机器。

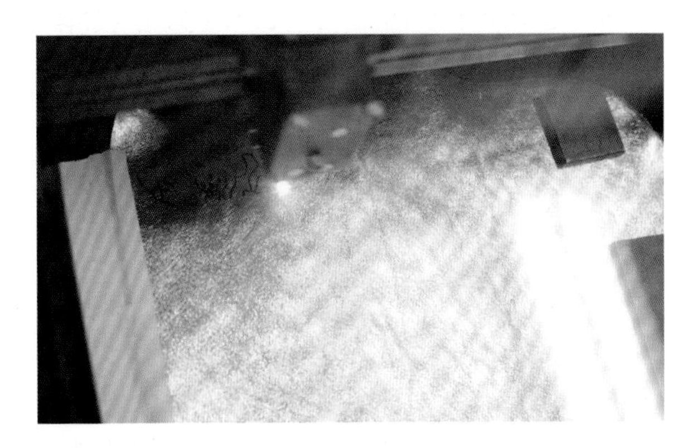

图5.23　步骤5

步骤6（图5.24）：工序结束后，要等到机器充分冷却后，再小心移去重物和胶带。有些内容可能还需要额外的手工操作来完成，这取决于切割材料的类型和想要实现的最终用途。有时激光切割会留有灼痕，可用手工擦除。

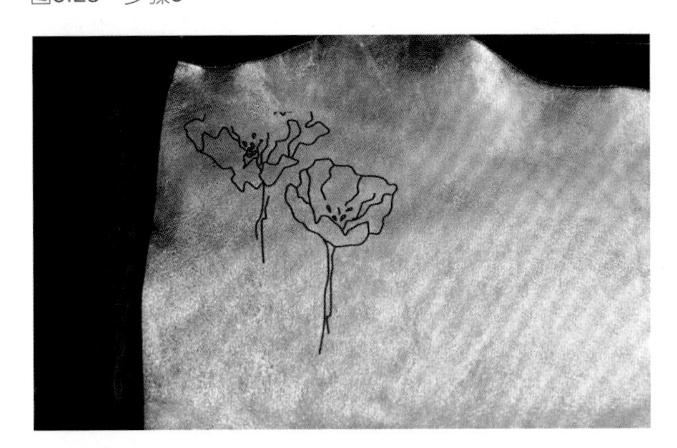

图5.24　步骤6

另外还有一个例子，不是运用蚀刻工艺，而是根据另一个AI格式的艺术文件切割亚克力板。将颜色模式设置为R：000、B：255、G：000，线迹和笔划粗细设置为.001，然后重复以上相同的步骤，切割结果如图5.25所示。

图5.25　激光切割的亚克力板

教程2

3D建模/3D打印

本教程将指导读者从概念发展到3D打印，按部就班地完成3D建模。本教程选用杰伊·帕迪亚的饰品案例，这是他在纽约帕森斯设计学院撰写论文期间设计的作品。目前他主要从事饰品设计，同时也为包袋鞋履等产品设计配件。

所需材料

绘画工具、纸、3D 建模软件、电脑、3D 打印机以及丝材原料。如果要去 3D 打印实验室制作，请查询是否需要自备丝材，或者与实验室沟通，直接从对方提供的材料中确定用于打印的丝材。

根据最终作品想要呈现的效果，可以自己购买不同颜色和材质的丝材，但不是所有 3D 打印实验室的设备都使用相同的材料。常用的丝材有用于制作硬挺造型的 ABS（丙烯腈－丁二烯－苯乙烯），以及用于制作柔性造型的尼龙，可用于实验探索的材料还有很多。

步骤1（图5.26）：把设计师的想法做成一张拼贴画。设计师通常用拼贴画的方式来定义他们的想法，并将其称为“灵感板”。本例中，杰伊从甲虫和荷花获得灵感来设计珠宝。他收集了能用于表现颜色、纹理和线条的最恰当图片来构建灵感板，以指导整个设计过程，确保有足够的图像信息资源为最终的设计提供概念素材。

图5.26　杰伊·帕迪亚的灵感板

步骤2（图5.27）：在试图建立3D模型之前，可以先在纸上勾画草图。最开始先用速写勾勒线条，然后再确定如何将它们融合于最终的设计中。

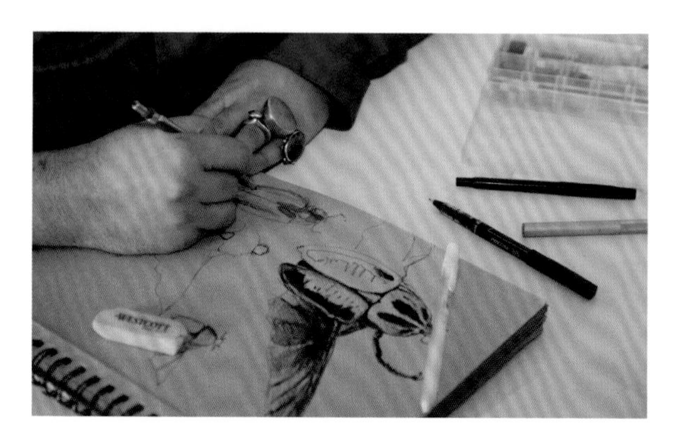

图5.27　步骤2

如果精通3D建模软件，也可以直接用软件绘制草图（图5.28）。

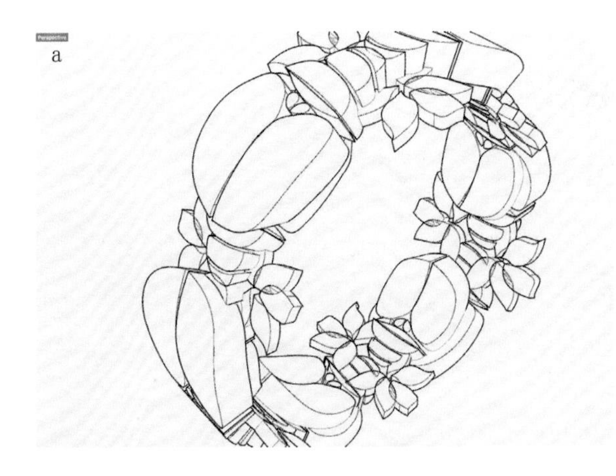

图5.28　草图

步骤3（图5.29）：仔细确定每个部件的尺寸，确保其符合设计要求。

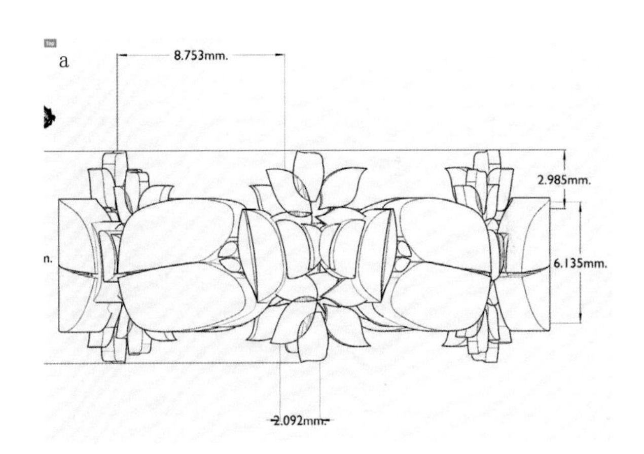

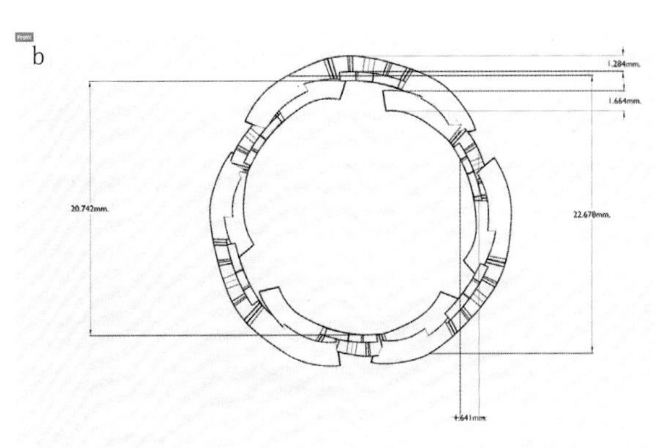

图5.29　步骤3

图5.30　步骤4

步骤4（图5.30）：在软件中进行渲染，并且旋转图片，从不同的视角观察、审视其设计是否符合预期目标。

步骤5：导出文件。用户使用的软件包应该有输出为.stl文件的选项，这是大多数3D打印机可以接收的标准文件格式。即使是标准文件格式也会因为使用的软件包版本不同而有所不同，因此文件版本管理和文件储存位置也是非常重要的。提前考虑到这些，可以防止万一需要恢复老的操作版本时可能会出现的问题。

方向设置：本例作品使用的3D打印机是MakerBot® Replicator®2X，需要准备适用于MakerBot的文件。为此，在MakerBot软件中导入该文件，并调整手镯的方向，使其平放在打印机床上，而不是位于垂直方向。由于这是一种加法工艺，打印机需要对其打印出的手镯部件建立支撑。一般情况下，打印出来的手镯应该位于周边所需支撑最少的方向。本例中，将其方向设置为平放，可以把实现这个不规则形状所需的支撑减到最小。

温度设置：在MakerBot软件中可以设置3D打印机的工作温度。不同种类的丝材需要在不同类型的3D打印机上设置不同的温度。从打印机的基础设置开始进行尝试，不断试验，直到找到每台设备的最佳温度设置。

本例使用的是ABS丝材，这是MakerBot制作样品雏形的标准丝材，也是现成的打印材料。本例中，机床的温度设置为110摄氏度，这是该打印机通过反复测试确定下来的最佳工作温度。在操作时，用户需要测试自己所用的打印机，以确定最佳温度设置。

步骤6：检查作品的规格尺寸。将文件从3D建模软件导入3D打印软件后，需核验各部件的规格尺寸数据是否正确。有时可能会发生变形，需要进行调整。在这一阶段，用户也可以打印不同尺寸的样品，以便相应地调整设计尺寸。

步骤7：调整打印分辨率，换句话说，就是打印层的间距或者每个打印层的高度。如果要打印一个快速成型样品，可以选择低分辨率，这样打印机会打印得快一些，但是打印出来的样品会粗糙一些且缺乏细节。打印最终成品时应该选择高分辨率来表现精致细节。

步骤8：发送文件至3D打印机。MakerBot可以直接连接到电脑的USB端口，注意，在整个打印过程中务必要确保电脑处于开机状态，有时打印可能需要持续几个小时。有一些3D打印机不支持连接电脑，在这种情况下，最好将文件转存到适合打印机的SD卡中以便导入文件。

本例作品使用的是Replicator®2X打印机，读者使用的设备可能有所不同。3D打印机的打印耗时也各有不同，但通常会比大多数人的预估时间长。从3D模型转化为打印输出件往往与预期存在很大的差异，因此在项目规划和实施中，应考虑投入更多的时间，多做几个模型样品出来。

步骤9（图5.31）：一旦打印机升温，应在一旁持续观察机床上的基层有无起翘变形情况，以确保输出成功。如果发现有任何的打印偏移或错误，应立刻退出程序且重启打印机，这种情况时有发生，不必担心。

图5.31　步骤9

步骤10（图5.32）：确定打印机开始工作且正常运转后，切勿因为任何原因移动电脑、断开电源或让电脑休眠，否则打印命令会被取消而且无法继续，这样就不得不从头开始，重新启动全新的打印命令。

图5.32　步骤10

步骤11（图5.33）：打印结束后，须等到设备完全冷却后再关机。如果在拿开打印的物品前就关机，机床会上升，作品可能会卡在机床和打印喷嘴之间而被挤坏。

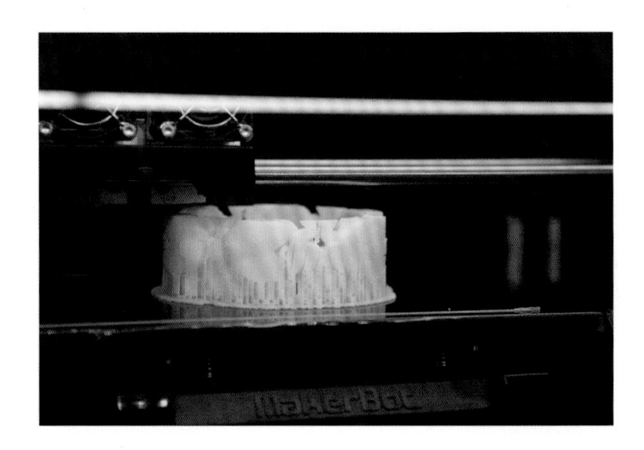

图5.33　步骤11

步骤12（图5.34）：移开打印作品，清理托板面。图5.34展示的是从机床上移开打印完成作品的示范动作。根据打印机的质量以及所使用的材料，打印作品有时可能还会需要额外的表面抛光处理。

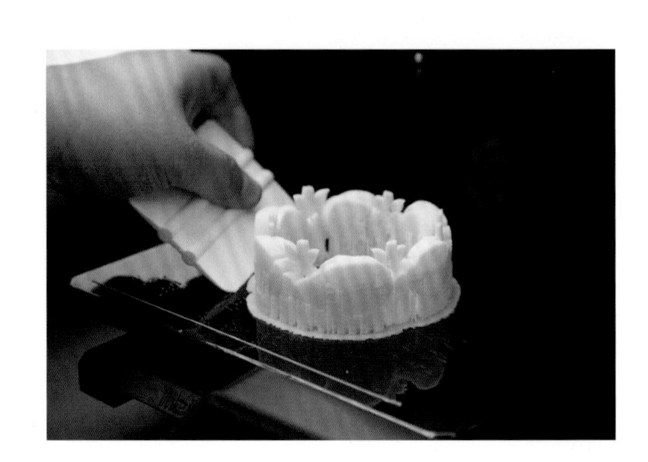

图5.34　步骤12

访谈1

盖比·阿斯福尔（threeASFOUR 品牌创始人之一）

ThreeASFOUR是一个运营时尚品牌的前卫三人组。它于1998年由盖比·阿斯福尔（Gabi Asfour）、安吉拉·东豪泽（Angela Donhauser）、阿迪·吉尔（Adi Gil）和卡伊·库内（Kai Khune）创立，并以ASFOUR命名。库内于2005年离开这个团队创建了自己的品牌，从此，这个纽约城市风的代表品牌就包括盖比、安吉拉和阿迪三位设计师。

2001年，threeASFOUR赢得了针对时尚产业新锐设计师的艾可·多马尼（Ecco Domani）时尚基金。同时，他们的作品被全世界很多知名博物馆收藏，其中包括伦敦维多利亚与艾尔伯特博物馆。这个设计三人组以运用和试验多样技术而闻名，包括运用3D打印、3D建模以及激光切割来成就他们独特的设计。

作者：盖比，可以告诉我们你们是如何走进时尚界的吗？

盖比：threeASFOUR前身是ASFOUR。我们于1998年起步，开始时我们有四名合伙人，之后的threeASFOUR是2006年7月重组的。从一开始我们就热衷于高科技面料，或者也可以说是工业面料，我们用的许多面料是美国国家航空和宇宙航行局（NASA）或者军队用的服装面料。那时我们常去工业面料商店，由此接触到专业生产制热或制冷高科技面料的德国公司。我们对这些织物感兴趣是因为它们很漂亮。接着我们发现了瑞士的舒乐纺织®（schoeller® textile），那里可以定制高科技面料。我们利用极具表现功能的泡沫新材料完成了很多作品。技术上的首个亮点就是数码印花，在人们还不熟悉它的时候我们就开始运用这种工艺了。我们还基于分形理论印制数码面料，其中有一些是和数学家合作开发的，另外一些系列是我们自己开发的。

图5.35　threeASFOUR品牌核心人物：安吉拉·东豪泽、阿迪·吉尔、盖比·阿斯福尔（从左到右）

作者：在设计开发的过程中，你们使用过什么特别的软件？

盖比：以前的设计是在Photoshop中完成的，不过整个文件有足球场那么大，因为其色彩可谓是无穷尽的。对我们来说那是新科技实验的开端，之后我们转向激光切割技术。我们仍然在大量采用几何图形，这也让我们意识到我们需要和数学家共事，并且让他们运用自己所需的任何软件。之后我们开始专注于3D打印技术，需要使用Rhino®或者SolidWorks®软件。

作者：你们是如何使用这些3D软件的？要把面料放在人体上进行裁剪吗？

盖比：先创作造型，再探讨如何将其转化为平面样板，这通常需要综合应用制版知识和软件操作技巧。举个例子，有一条裙子看上去像是两个球叠在一起，只能通过纵向切分的方法将其裁成数片。这条裙子是通过3D打印制造出来的，因此可以从3D打印的裙子中获得平面样板，再根据平面样板制作面料。你可以把三维造型展开、压平得到样板，当你把这些样板组合在一起时就能精确地还原裙子的三维造型。

其他的创作更像是在身体上进行测绘。要知道，手工测绘的耗时是电脑测绘的十倍。当下技术运用是不可或缺的，要是没有这些技术，我们几乎无法进行创作，还会感觉自己是在倒退。

作者：对于threeASFOUR品牌来说，你觉得团队合作重要吗？

盖比：如果团队中没有建筑设计师，这些作品就不可能完成。而且如果团队中有数学家的加入就更好了，因为这样可以做更精密的设计。这些结构设计和精密计算是我力所不及的，但是我非常享受合作的过程以及完成的作品。在和我们一起共事的人中，有的人编写脚本，有的人编纂公式，大家专注于各自的专长，而且我们在操作中会应用好几种3D软件，比如Maya®、Rhino®、Grasshopper®，还有表面测绘软件以及其他各种软件来完成不同的工作。只有通过合作才能完成整个设计项目。

作者：设计系列作品时，你们是喜欢每次都与不同的人共事呢，还是与曾经共事过的人保持合作关系？

盖比：我们喜欢和熟悉的人一起共事。比如克里斯汀·瓦斯曼（Christian Wassmann），他擅长结构创新，是我们一直在合作的建筑设计师，我们已经合作过五六个项目了。他和我们一起设计完成了一场时装秀，在犹太博物馆以及荷兰一家博物馆开了发布会，我们还将继续与他合作。去年我们还与一位就读于哈佛大学的实习生合作过，她知识面广，可以胜任多项不同的工作。最终我明白了，与我们合作的设计师们是多么学识渊博。所以，我非常乐意接受新同事，但是现在与我们合作的人同样是不可或缺的。

作者：你在工作中有没有钟情的材料？

盖比：我想那要属棉布了，在我们一季又一季的系列设计中得到应用。有各种梭织物，从府绸到斜纹布再到帆布，还有针织汗布。棉布手感柔软、耐洗，并且穿着也舒适。

作者：说到可穿着性，如何让这些以科技驱动的不可思议的作品兼具功能性和可穿戴性呢？

盖比：这基本相当于创造一个新事物。设计之初不要去考虑可穿戴性，等你有了一些设计思路并且可以尝试做些实物的时候，再考虑人们穿戴着它如何行动起居，以及它该如何清洗，进而演化成面料和功能方面的需求。无论你产生了什么样的想法，都可以创作出兼具可穿戴性和功能性的实物。

作者：你觉得你们是否在专门设计一些T台展示或者用于展览的作品？

盖比：我们有专门为展览或是特殊时装表演而设计的作品，也有一些在市场上销售的易于穿着的服装。

作者：听说你们也会与私人客户合作，跟我们谈一谈这类设计合作吧。

盖比：是的，我们有各种不同类型的私人客户，其中大部分是演艺人员，他们出入于公共场合，需要更具舞台效果的服装，肯定要采用与众不同的设计风格。比如像比约克（Bjork）、嘎嘎小姐（Lady Gaga）这样的客户，我们的设计必须因人而异。有些顾客需要定制晚礼服出席晚宴，因此对服装外观和功能有特定要求。还有些顾客想要定制可以日常穿着的服装。大致就是这样三种类型的顾客。

作者：客户是来店里从现有的设计系列中挑选服装，还是要求定制服装呢？

盖比：很多顾客都是来找以往的设计系列作品。他们大部分会先浏览网页，并留言说想要某一季某个系列的服装，有些甚至不是最新发布的系列作品。

作者：那可以说你们创造了永恒的时尚。

盖比：是的，这样很好。这让我们觉得我们设计的任何服装都不会浪费，因为总有人想要它。而且我们还建立了服装档案，记录了所有被租借出去用于拍摄电影、商业广告或是商业活动的服装。我们的服装总有用武之地。我们真的下了很大的功夫将这些服装归类存放并建档，让它们可以得到妥善保管。

作者：对你来说，设计与工作的过程和最终作品，哪个更重要？

盖比：在我看来，将一些看似不可能的心中所想形象化、具体化地设计出来是很有意思的。然后朝着目标探寻实现方法，你会陷入一个未知领域。但是让我觉得最兴奋的莫过于从设计想法到产品实现的实践过程，就是那种你相信自己方向正确却不知道下一步到底要做什么的探索过程，在这个过程中会产生灵感的火花。当然，最终作品也是超级令人振奋的。但我其实更享受那种觉得要失败的时候，却冥冥之中总有些东西指引你走向成功的感觉。

作者：在众多的合作中有没有哪次是你印象颇为深刻的？

盖比：当然有的。我们曾经与马修·巴尼（Mathew Barney）联合推出过系列服装，这些服装既有功能性又颇具异国风情。我认为像他那样的艺术家简直就是我们品牌形象的代言人。其中一件服装作品是为他在曼彻斯特歌剧院出演的《面纱的守护者》（*The Guardian of the Veil*）设计的演出服，其他的是专门为他在2014年2月于布鲁克林音乐学院首次公映的最新电影《重生之河》（*River of Fundament*）而设计的。我认为马修·巴尼就是符合我们品牌设计基因的人，他真正懂得我们设计的美学理念。在所有与我们合作过的人之中，他是最突出的一个。

作者：在每一季的服装新品设计前，你们是否会有很清晰的设计想法？或者你们是否会做各种材料试验？又或者你们是如何运作的？

盖比：那要看心情了，对于我们来说最重要的就是我们三个伙伴是一个团队。在我们讨论时，空气中总会浮动着某种难以描述的气氛和感觉。也许一个人会说："我觉得是这样的。"而另一个人说："哦，我觉得是这样的。"又或者另外两个人会说："不，我觉得根本不是这样的。"由此引发我们的对话，交换各自的想法，进而生成统一意见。一旦我们三个确定了想法，也就准备好了着手工作。通常我们先从画草图开始，但有时也会从面料开始构思，由面料引导出设计图。我觉得对我们来说，并没有所谓特定的工作模式。

作者：你们几个各有所长吗？

盖比：是的，我们每个人都有不同的强项，而且我们把这些优势汇聚为一体。最棒的是，这就像一个三方保险，你不是带着问题孤军奋战，遇到问题只能提出一个答案。对我们来说，如果有问题摆在面前，我们会提出三个答案，这也正是我们对于所做的事情更加充满自信的原因。这是一个统一的愿景，否则我们也不会成功。我们更像是家人而不仅仅是事业伙伴，对此我们深信不疑，我们从内心深处理解、信赖彼此。

作者：你们是在哪里认识的，又是怎么认识的？

盖比：两位女士是在德国认识的，她俩早就是合作伙伴了。她们曾一起在慕尼黑读书，然后又相继搬去了纽约，并且在那里组建了一个团队。她们是真正的造型师团队，也是一个时装设计团队。我曾住在纽约，不过一直没有找到能真正吸引我的人。当我在街上看到她们时，心想："哇哦，她们是可以和我内心交流的人。"此后，我们开始尝试一起工作而且合作得相当愉快，所以就决定一直在一起共事了。

作者：如今关于可穿戴技术的话题有很多，也出现了各种形状和造型的可穿戴设备。你认为这些算是时尚吗？还有，时尚究竟是什么？

盖比：我给你举个例子吧。为了标新立异，耐克在它的产品上使用了大量防水拉链，并且为了追求特定性能开发了各种各样的面料。如今这些已成为耐克产品发布会的一大亮点。我觉得这种现象很有趣，即技术被作为功能引入产品，而后又演变成时尚。再比如当你骑车时穿上有反光材料的衣服，那也是一种时尚，在T台上经常可以看到这种材料，它来源于由功能需求而产生的技术创新。

作者：关于数据采集和测量，你如何看待？出现了很多可穿戴设备，你觉得这也是时尚的一部分吗？

盖比：其实是这样的，无论什么装置，都需要有设计师加入进行开发制作，因为起码其外观要好看。如果它是为人体而设计又能很好地作用于人体，那它马上就变成时尚了。它没有理由不成为时尚。

作者：对于那些非常喜欢服装设计但对于技术应用踌躇不前的年轻设计师们，你想对他们说些什么？

盖比：像爱马仕或者香奈儿这样的公司，如果不依托科技也难以生存，这是因为科技带给我们的东西太多太多了。我强烈建议每一位年轻设计师至少要尝试应用一种技术手段。3D打印对于时装界就是非常先进的技术。通常服装设计和建筑设计师的工作并无交集，因此需要某种交叉融合。激光切割技术也是同理，由于引入了几何学或者其他技术，因此需要合作。这是在未来工作中任何服装设计师都会遇到的情形，设计师必须懂得如何协作。

作者：你们现在正在研究什么技术呢？

盖比：我们最近正在研究光雕投影，目前正参与制作一些需要大量影视特效的影片。去年我们就应用3D动画分形技术制作了一部电影，影片中的环境是纯粹的几何结构，且效果非常好。不过我们正计划在光雕投影中加入可以移动的人物。目前正与英特尔公司洽谈，他们会提供一台光雕投影设备，我们正在对该设备进行测试，希望可以成功。我对未来十分憧憬。

作者：最后还有什么想说的吗？

盖比：最后想提醒大家，3D打印也是需要协同作业的。最近为我们打印面料的公司是Materialize，他们需要我们参与技术试验以便在时装业占得一席之地，我们同样也需要他们的技术支持以进行设计开发，这是一次相当好的合作经历。现在，我们正与西斯（Stratasys）公司洽谈，他们向我们提供其他的合作形式，开发了Maya®技术的欧特克（Autodesk）公司和我们也有合作。有很多大型科技公司正在开发新产品，想要和我们这样的时尚设计师合作，这样他们才能保持不断创新。

访谈2

布拉德利·罗滕伯格

布拉德利·罗滕伯格（图5.36）是一名建筑师和设计师，曾在世界各地多家建筑企业任职。他在阿肯锡工作室（Acconci Studio）享有终身职务，该工作室负责意大利、中国香港和荷兰地区的展馆和多媒体装置业务的开发和执行。布拉德利·罗滕伯格与许多艺术家和设计师合作过，如艾薇微（Ai Wei Wei）、ThreeASFOUR工作室、凯蒂·加拉格尔（Katie Gallagher）等。他的作品在2009年迈阿密设计展以及2011年深圳/香港城市建筑双城双年展上都有展出。

图5.36　布拉德利·罗滕伯格在他的工作室

布拉德利的作品呈现出设计和技术的交融，他专注于将3D打印时装变为一种可行的、可接近的现实。为了能够解锁3D打印的潜能，从而改变设计和生产方式，其任职的工作室开发了一种计算方法，一种其他方法无法实现的生成物体的方法。布拉德利已经和一些最富创意的时尚品牌合作，将3D打印技术引入服装产品系列，并向他们推介这项新技术可实现的设计创新。他和threeASFOUR一直有合作。

作者：您是建筑师出身，那么您是如何跨界到时尚圈的呢?

布拉德利：在我与维托·阿肯锡（Vito Acconci）一起工作时，我们总是聊到服装将会成为我们3D打印的第一件作品，服装是保护人体不受外界环境侵害的第一层屏障。在学习建筑时，相比那些建筑本身，我对于构建形状的几何体系和过程更加感兴趣。从我最初和时装设计师合作开始，我就意识到将这种成型技术应用到完全不同于建筑的领域中，将是一个巨大的机会。终于我了解到了选择性激光烧结技术，就应用这种技术把我用电脑设计的几何形状制作成了实物。

随着对时装行业的深入了解，我逐渐意识到设计师与纺织材料之间的脱节现象。设计师们只是走进商店挑选不同的面料来设计制作服装，并不能真正自己制作面料。这也就是为什么3D打印这种新技术能够给设计师带来更多控制权，3D打印可以让设计师自己开发个性材料，或者说“织造”材料。

作者：请给我们讲讲您的设计工作室以及正在进行的项目吧！

布拉德利：蜂窝织物及其优化方法。我们专注于功能材料，包括定制造型以及其他造型，还开发我们称之为蜂窝材料的织物。蜂窝材料是指由变化的单元组合在一起，在特定位置呈现特定性能的材料。同时，我们也在咨询设计师和不同的公司，想要应用这些高性能的材料为他们开发项目，作为他们的应用案例。我们主要专注于研发软件，一种能够让设计师自己开发定制材料的软件。由于先进制造技术的发展，现在自行开发定制材料已经可以实现了。

作者：您的设计理念是什么?

布拉德利：过程和迭代。

作者：给我们讲讲您的设计过程吧，您的设计是始于灵感还是始于方法和技术?

布拉德利：我们从来都不是先有灵感。灵感更像是艺术家的思维，就好像这些想法是从别的什么地方或是更高的地方冒出来一样。我们与此不同，我们更感兴趣的是开发实现项目的具体方法以及探寻创造新事物的新工艺。

作者：您是如何又为什么开始做3D打印的？您的第一件创意作品是什么？

布拉德利：我是2005年在普瑞特艺术设计学院（Pratt Institute）接触到3D打印的。当时我在数字制造实验室工作，我们在建筑学院安装了第一台3D打印机。按照现今的标准，基于zCorp Powder的打印技术已经过时了，但在当时可是件振奋人心的事儿。那是我第一次见识如何打印制作复杂的3D模型，并且从此沉迷于3D打印的成型技术。我用3D打印完成的第一件作品是学校里的展馆模型，那是在伊文·道格利斯工作室（Evan Douglis Studio）完成的。该工作室致力于研究新的制造方法，尤其是3D打印技术，借此来制作任何其他方法都不能实现的造型。

作者：技术是怎样影响您的职业生涯的？

布拉德利：技术使不可能的事情变成可能。我把技术看作一种手段，而不是一种结果；技术开辟了一个全新发展的领域，而不仅仅是解决特定的问题。不过，技术也并不总是在第一位，相比技术，我们更关注我们想要的东西（比如复杂的联锁织物），然后寻找或者开发我们想要的东西，如若它不存在，就用技术将其变为可能。就这样，技术为我们打开了一个我们未曾思考过的领域，同时也希望技术可以影响那些我们最初不曾考虑到的方方面面。

作者：您对3D打印技术及其未来发展的愿景是什么？

布拉德利：我希望3D打印的分辨率可以不断提高，并且能够打印愈加精巧的物件，这样我们就能制造更加舒适的材料。希望未来可以打印分子结构，这样我们可以通过分子链接来制造材料，从而充分地控制材料的制作。另外，我认为3D打印可以重新定义现在停滞不前的零售业。想象一下，当你走进一家商店，可以挑选真正独一无二的专门为你的身体定制的服装或饰品，如今这样的制造可以落地在每一家店铺，所以每家店铺在某种程度上就是一间迷你工厂，可以不断地生产出新的定制产品。

作者：在时装领域您希望看到什么样的技术创新？

布拉德利：高度定制的无缝服装。我认为这是时装设计领域技术革新的巨大机遇。一些服装设计师还在用过时的方法裁剪、制作样板，所用的还是针织或梭织面料。计算机也只是刚刚被引入到时装设计的流程中，未来将被应用于服装制造的全过程。从消费者的角度，我觉得零售店应当再充分地思考一下，他们的角色到底是什么。店铺不应当仅仅是卖衣服的地方，还应该为消费者提供品牌体验。技术可以帮助店铺实现其与消费者的交互，在为消费者提供体验的同时，从消费者那里获取信息。

作者：有什么给年轻设计师的建议吗？

布拉德利：在学校期间尽可能多地学习计算机课程。

内容回顾

1. 如何定义数字化制造?
2. 服装设计师可以应用哪些制造设备来实现快速成型?
3. 加法制造和减法制造的过程有何区别?
4. 为了使用数字化制造工具，需要掌握哪些软件?
5. 在服装、饰品设计中应用激光切割机的最佳方式体现在哪些方面?
6. 在时装业中，什么情况下数控雕刻机优于激光切割机?
7. 3D打印需要什么格式的文件? 哪些软件可以生成这些文件?
8. 为什么服装设计师要与技术人员合作?
9. 有哪些最新的技术应用指令集来制造材料?

讨论

1. 在应用技术进行设计或制作样品方面，遇到了哪些挑战?
2. 在包袋或鞋履中，有哪些部件适合用3D打印快速成型技术来制作? 为什么?
3. 可以使用哪种技术或方法来制作个人设计的面料?

延伸阅读书籍推荐

Gramazio, Fabio, Matthias Kohler, and Silke Langenberg. *Fabricate: Negotiating Design and Making*. Zurich: Gta-Verlag, 2014.

Hoskins, Stephen. *3D Printing for Artists, Designers and Makers: Technology Crossing Art and Industry*. London: Bloomsbury, 2014.

Johnston, Lucy. *Digital Handmade Craftsmanship in the New Industrial Revolution*. London: Thames & Hudson, 2015.

Kaziunas. Anna. *Make: 3D Printing*. N.p.: Maker Media, 2013.

Lipson, Hod, and Melba Kurman. *Fabricated: The New World of 3D Printing*. N.p.: New York: Wiley, 2013.

Warnier, Claire, Dries Verbruggen, Sven Ehmann, and Robert Klanten. *Printing Things: Visions and Essentials for 3d Printing*. Berlin: Gestalten, 2014.

第6章

编程概论

本章主要介绍应用当前盛行的编码、编程和计算的方法来创造极具表现力的图案、形状和打印设计作品。由编码驱动运行的软件已经架构起当今社会职能的各个运行系统，并已成为设计的新增长动力。

本章为设计师在创作中融合编程思维提出了一些可能的创新点。处理编码的工作看起来很可怕，甚至是不可能完成的任务，但是在理解了基于编码的工作过程后，设计师会得到创作复杂设计的新机遇，这是其他已有的图形处理和多媒体软件无法实现的，而且在必要时还可以与程序员展开合作，提高效率。基于编码而创作的设计之美可被应用于设计过程的各个环节，从表面处理、打印设计到创意图案制作皆可。

读完本章读者能够：

- 理解用编码做设计与用编码完成任务和实现功能的区别
- 区分计算机科学家和研究团队与从更有诗意或更具表现力的角度运用编码的创意程序员
- 了解编码和软件如何将我们已有的系统连接起来，以及编码如何让系统之间进行“对话”
- 认识处理平台，学习如何以编码为灵感创作新的造型
- 学习应用数字化制造技术导出以编码设计的作品文件，从而创建新的形式
- 深入理解设计师和技术工程师开展编码设计的协作过程

编码

近年来，以表现为目的的计算机语言及其应用得到迅猛发展。在当今世界，软件几乎驱动一切，从最新的智能手机应用程序到股票市场交易，编程和计算已经成为现代生活中不可缺少的一部分，并为时尚以新颖而令人惊奇的方式融入现代生活创造了机遇。对设计师来说，无论在概念上还是通过实践了解代码，都能够更好地控制从产品概念向生产实践转化的过程，更精确地表达设计理念。

编码是由一系列规则构成的系统，它能够把信息转换为另一种形式或表达方式，以便通过某种渠道通信或存储于介质中。编码首先是在大脑中构建的架构，可以发送指令或特定的一系列动作，而这正好可以引发时尚产业的变革——时尚产业有很多根深蒂固的手工制造和工业加工的传统理念及方法。在这个“信息时代”，软件支撑着我们的日常生活，为各系统的日常运作提供必要的连通、处理、存储和检索。时尚一直以来象征着时代的价值和审美取向，对设计师而言现在就是一个机遇，可以传达一些讯息，表明编码对当今社会的影响。这个机遇不仅是在设计流程中引用编码，更是将编码真正应用于创作过程。

在前述章节中我们讨论了很多创新设计的新手段、新方法，这些技术都需要编码进行操作。例如，电子开发平台需要软件提供指令以驱动服装或者饰品进行“表演”。换句话说，计算机需要一套指令来告诉它应该做什么。同样，在数字化制造中，计算机也是通过编码指示激光切割机进行裁切，或是命令3D打印机执行丝材堆积从而实现打印。

阿达·洛芙莱斯（Ada Lovelace）通常被视为世界上第一个计算机程序员，她于19世纪中叶提出了一套详细的分步操作指令，现在这套指令被认为是一种算法。尽管在当时并没有现代电子计算机，但她在梅纳布里亚（Menabrea）关于查尔斯·巴贝奇（Charles Babbage，被认为是第一个构想出可编程计算机的人）分析引擎的论文上写下了笔记，从而形成了计算机程序的概念。指令集的概念可以被细化，分步操作是软件发挥功能的核心。

对设计师而言，现在正是启用编码设计的大好时机，不管是在概念上还是在应用层面，都可以运用编码及其操作来探索激发灵感的新方法，也可以探寻服装设计和制造的新方法。虽然设计师不一定要直接参与编程来创作这一领域的作品，但能够理解编程的思路相当于掌握了一项强大的组合技能。一般的图形处理和多媒体软件已经能完成很多有创意的作品，但仍然会受到发明应用软件的程序员设置的限制。有些艺术家和设计师熟练掌握计算机的操作方式，突破了应用软件原有的效果和设置范围，完全实现了用编程做设计。这种类型的设计过程正处于创新的前沿，年轻的设计师们应多多学习这一创新生产方式方面的知识，未来会受益匪浅。

创意编码

创意编码是一个术语，是指一种正在发展壮大的社区，艺术家和设计师在这里应用编程来创造富有表现力的作品。在美术、广告和设计等的交叉领域，创意编码员通常倾向于利用开放的开源开发平台工作，渴望加入由开发人员组成的强大社区，因为在社区里大家可以彼此分享程序代码和作品，并在此基础上编写自己的代码。传统的计算机科学研究领域宽泛，较多关注计算机的理论和实际应用；与此不同的是，创意编码强调美学和社交体验，通常出现在艺术和娱乐场所。从事创意编码的人们往往有着各种不同的背景，他们中有很多学习艺术和设计出身，有的还拥有艺术和工程双学位，或者计算机和视觉艺术双学位等。

像Processing、Cinder和OpenFrameworks这样的开发环境，为那些没有编程背景但又渴望编写软件的编程员提供了代码平台，让他们可以创作有艺术表现力的作品。很多创意程序员都有传统计算机科学的学位，但创意编程的方法和灵感往往与传统的工程最优值和效率背道而驰。创意编码更强调美学作品和审美体验，通过编码来表达诗情画意。

很多活跃在创意编程社区的程序员发现，一般的图形处理软件和媒体格式有一定的局限性，他们更愿意用自己开发的软件来实现个性化的功能，而不是应用目前市场上可获取的商业软件来进行设计。时装设计师可以把创意编码作为主要工具直接用于创意表现设计，应用原生平台开发造型、形状以及打印图案。

应用编码

有很多方法可以将编码运用于服装和服饰设计，采用什么方法以及如何应用它，取决于设计师已有的知识或学习的意愿，还有设计师参与合作的方式。记住，知道自己想要实现什么对于整个过程来说很有价值，这会促使设计师寻找到合适的软件平台或合作者来帮助他们获得想要的结果。通过数字化制造实验，不仅可以创作表面图案，还可以完成另一个层次的创意图案制作。使用编码的主要方式包括生成打印及表面处理的图案，以及形状和造型。

打印及表面处理的图案

通过软件生成的视觉图案可以用于纺织品设计，或作为材质和工艺的灵感来源。例如，凯特·瑞斯的作品（图6.1）灵感来自艺术家卡西·瑞斯，卡西主要运用创意编程创作动态的、演变的艺术作品。本案例中，软件操作的输出结果只是设计的起点。最终的服装作品并不一定需要功能编码，也不需要嵌入响应式硬件显示器，而是通过编程把这些元素融入到核心设计概念中，最终的成品仍然是一件传统的服装，编程逻辑是通过视觉语言呈现出来的。

卡西·瑞斯、约书亚·戴维斯（Joshua Davis）、杰瑞米·罗兹坦（图6.2）以及利娅·哈洛伦（Lia

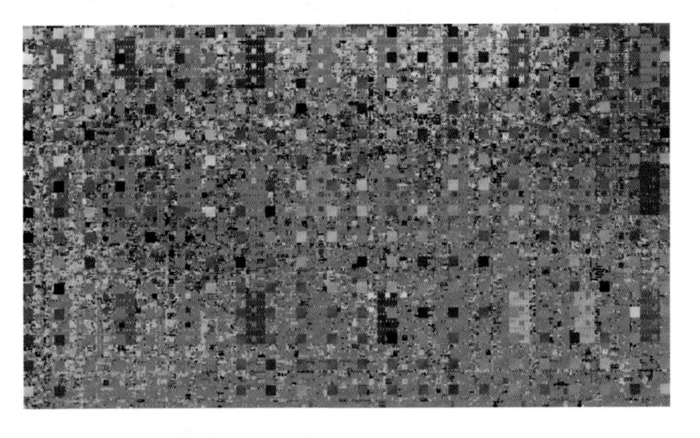

图6.1 “啪！”卡西·瑞斯通过融合视频内容与系列编码指令创作而成的数字艺术作品

图6.2　杰瑞米·罗兹坦通过视频创作的动作绘画作品。动作绘画是由一系列静态和动态的数字动画组成的艺术画作，运用好莱坞动作片的移动视觉元素作为创作素材，具有杰克逊·波洛克（Jackson Pollock）式的抽象表现主义风格。画中的移动视觉元素包括爆炸（出自影片《世界末日》和《独立日》）、殴打（出自影片《搏击俱乐部》和《洛奇》）、飞车追逐（出自影片《谍影重重》），以及枪击（出自影片《第一滴血》和《终结者2》），这些元素成为了这幅画作的创作素材

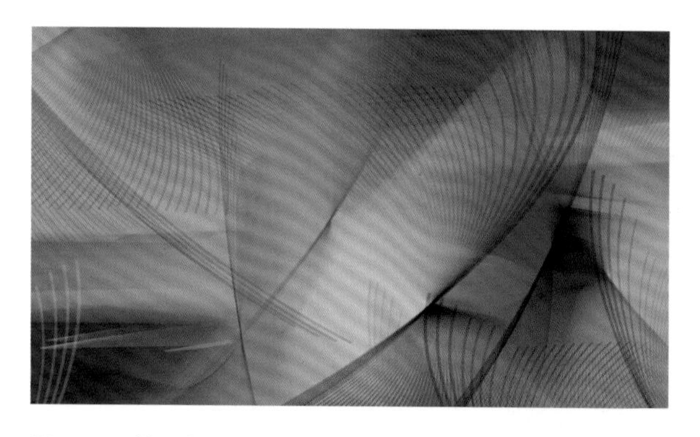

图6.3　利娅创作的软件艺术作品，来自2011年奥地利维也纳的古斯塔夫·马勒（Gustav Mahler）音乐会现场的可视化图像

Halloran）（图6.3）等很多软件艺术家运用编码创造出的图像令人惊叹，可以应用到服装设计中。就像艺术一直影响着时尚一样，艺术家通过编码创作的作品也可以成为艺术灵感的丰沛源泉。当人们知道编码技术不仅是一种必要的创作手段，而且本身也是视觉艺术作品的一部分时，才体现出编码创作的意义。艺术家合作在时尚界很常见，随着近年来编码艺术的地位逐渐提高，服装设计师和编码艺术家的跨界合作也越来越频繁。

跨界合作创新的方法有很多，可以贯穿整个设计开发过程。有些设计师可能会选择从概念的创建阶段就和一位艺术家合作，让设计理念成为图像创作的一部分；而有些设计师可能会先请艺术家创作灵感图，然后把灵感图用于打印和表面处理，或者再造一种有创意的图案解读方法。在一些案例中，创作数字图像的方法本身就是时尚设计理念的灵感。这种跨界的独到之处体现在创作语言和方法的多样性，每一种语言或方法都可以创作出一种独特的效果。作为设计师，你可能已经习惯于挑选色彩和图像来进行创作的方式，而这样的跨界合作能敦促你探索新的开发方法或创作过程，从而产生新的想法。不要仅仅局限于图像本身，要去探索一种创造性思维和3D形式及设计的新途径。

形状和造型

编码可以用来生成二维和三维的形状和造型，它们既可以作为灵感来源，其本身也可以作为服装或饰品的形状和造型。在前述章节中谈到，数字化制造是指用计算器控制加工设备的制造过程。虽然使用建模软件可以生成三维造型和二维形状，不过也有设计师应用编码来生成初始廓形，再将其复制成多个，或者连接在一起，从而形成“织物”的结构（图6.4），甚至是服装或饰品的最终效果（图6.5）。

例如，杰西卡·罗森克兰兹（Jessica Rosenkrantz）和杰西·路易斯-罗森伯格（Jesse Louis-Rosenberg）创建的运动学系统创作出了可折叠的复杂立体造型，这些模块可以铰接在一起做成饰品，如图6.5所示。该系统提供了一种变形方法，通过把几何计算技术与刚体物理学和定制相结合，能够把任意三维形状通过3D打印技术转

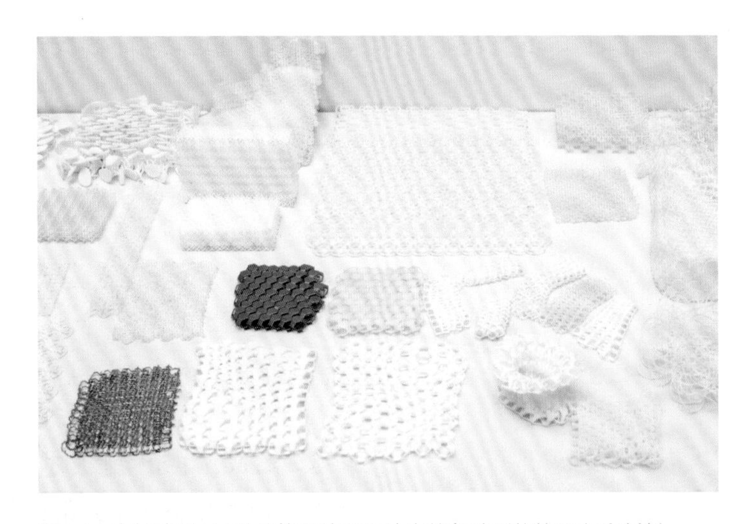

图6.4　布拉德利·罗滕伯格用编程设计出的各种形状的3D打印材料

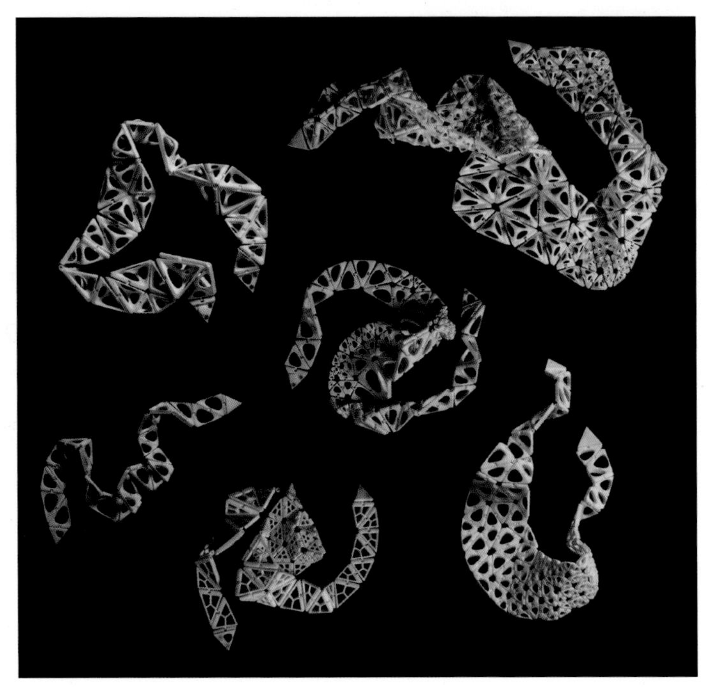

图6.5　神经系统设计工作室创作的运动学项链

变成一种灵活的结构。也就是说可以模拟任何物体，将其压缩成可3D打印的复杂模块和可编结的构件。本例中的这些项链非常灵活，很容易贴合人体。每个构件都是刚性的，但是所有构件连接起来却能形成连续的织物结构。尽管完整的“织物”是由很多独立的构件组成的，但最终作品却并不需要组装，这是因为3D打印技术可以直接打印出复杂的结构，就如本例中的作品一样。

编程概念

虽然现在有很多不同的编程语言，但总体来说，编程语言通常具有以下三个共同特征：

命令序列。程序是按特定顺序排列的指令集。就像加工服装时要根据预设的步骤先裁剪、后缝合一样，运行程序时要遵循一系列特定的指令。编写软件时关键在于要分清各个步骤，这样写出的代码才没有漏洞（bug，是程序员用以指代程序错误的术语）。

条件结构。程序需要满足一定条件才能执行预定的顺序。制作服装样板时用标签和对位记号来标识裁片应当如何配对，评估裁片是否应该缝合在一起时，需要对一些条件语句进行评定。比如，裁缝师傅正在缝合衣袖，就要问自己：“这个袖子上的对位记号匹配吗？”如果答案是肯定的，就继续缝合衣袖；如果答案是否定的，就要停下来寻找正确的裁片。

循环结构。重复执行系列步骤的过程，直到某个条件为真，或只要某个条件保持为真。以服装制作为例，假设沿着下摆缝制特殊的装饰配件，应重复缝制配件直到缝满服装的下摆，或者只是重复缝制配件直到缝完指定的次数。

编程概念具有一定的逻辑，它指示程序中事件的序列。编程语言是以计算机能够理解的形式表达这些概念的结构化方法。

编程语言种类繁多，每种语言都以特定的方式表达编程逻辑。就像人类的口语一样，有些语言彼此相似，有些则截然不同。同时，每种语言都有自己的语法和句法规则。编写计算机程序所用的语言与开发环境不同。语言是一套可行性指令，开发环境是使用该语言进行编写的地方。

Processing平台

在创意编码社区中，有许多编程平台可供从业者选择使用。与任何工具一样，计算机语言和环境的选择具有特定的启示。本·弗莱（Ben Fry）和卡西·瑞斯在2001年创建了Processing语言和IDE（集成开发环境），在可视化环境中教授计算机编程基础。从那时起，这个环境已经成长为一个强大的社区，艺术家、设计师、研究人员和业余爱好者将Processing用于更广泛的领域，从个人到商业用途。

Processing是一个开源的开发平台，可以在互联网上免费下载。多年来，Processing的用户通过贡献代码示例、资料库和文档等方式增加了平台的功能。对于有兴趣熟悉计算机编程的设计人员来说，Processing提供了一个极好的机会，可以用一种相对容易和友好的方式来学习一些基础知识。Processing网站提供了一系列的教程和示例以及关于这些主题的各种书籍的链接，还有一个强大的在线论坛，人们可以在那里发布问题、寻求帮助。此外，随着Processing的日益流行，还有一些短期课程和研习班（通常以城市为单位在当地组织）帮助人们提高实践应用技巧。

其他流行的创意编码环境还有Open Frameworks和Cinder，不过它们对新手来说不那么友好。随着编程语言的发展，设计师可能会发现，与自己协作的程序员是在书中没有提到的不同环境中工作。无论开发环境或对语言的理解如何，基本的编程概念和逻辑都将帮助设计师与协作团队一起开展项目，或者作为设计师在工作中使用代码进行实践的起点。

教程

学习编码

对学习编程感兴趣的设计师现在有很多选择，Processing、OpenFrameworks和Cinder是几个比较流行的创意编码平台。编程平台会随着时间的推移而变化，新的环境出现，其他的环境最终会退居次要地位。本教程将带领读者了解Processing平台，这只是对编程的初步介绍，应该作为进一步学习的起点。

本书选择Processing平台来学习编程，因为这是一个对初学者比较友好的环境。其他环境可能具有一些有价值的特殊功能，但Processing的创建者卡西·瑞斯和本·弗莱开发这个环境的目的是让更广泛的人群能够更容易地学习编程的过程。Processing可以用来生成纺织品和皮革上的打印图案，或者生成视觉图案以激发产品系列设计的灵感。另外，设计师可以通过学习获得代码的基础知识，从而更好地与程序员协作。

在网上有许多关于Processing编程的资源，也有不少印刷品可供参考。读者可以访问Processing网站或阅读各种书籍以了解相关话题，这些资源会更深入地介绍如何编程以及如何通过代码生成视觉表达的构件。本教程将向读者展示在Processing中创建一个简单程序的过程，通过代码会产生基本的视觉设计。本教程将所提供的代码以速写的方式输出，读者也可以以任何自己喜欢的方式在设计过程中使用该结果。

步骤1（图6.6）：访问Processing网站https://processing.org/。Processing网站提供了一系列资源和链接，其中包括有关编程环境的信息、维护和添加环境的志愿开发人员社区，以及教程、代码示例和示例项目等参考资料。

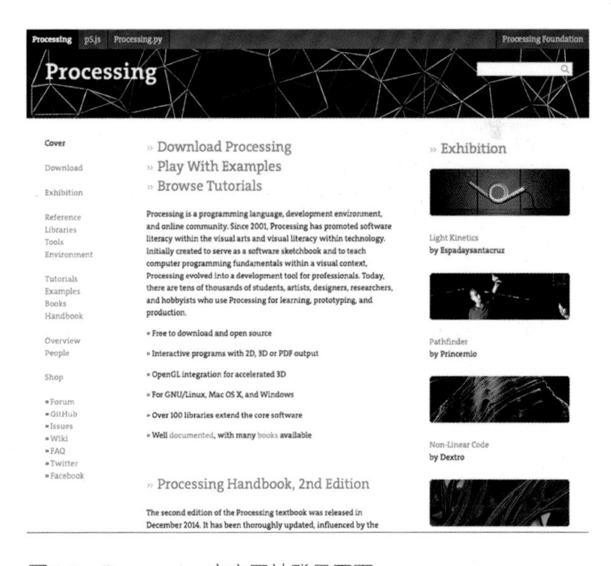

图6.6　Processing官方网站登录页面

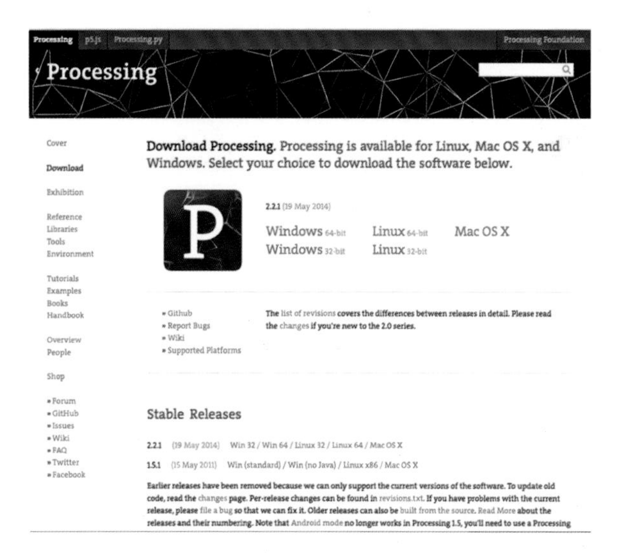

图6.7　Processing官网上的下载页面

图6.8　Processing应用程序的窗口

步骤2（图6.7）：单击下载链接并选择与计算机操作系统对应的版本。程序下载完成后，双击.zip（压缩）文件，将软件安装到计算机上。

- 在Windows中，将解压文件中的文件夹拖动到计算机上的新位置，通常是存储应用程序的位置。启动processing.exe文件。
- 在Mac上，会看到一个Processing图标。将此图标移动到计算机的应用程序文件夹。

步骤3（图6.8）：双击启动应用程序。当程序启动时，屏幕上会出现应用程序窗口。如果窗口没有出现，请参阅Processing网页上的信息，排除故障。在应用程序窗口的左上角，会看到一组控件，这些控件也被复制到应用程序的下拉菜单中。

步骤4：在应用程序窗口中复制并粘贴以下代码，或者仔细地完整输入代码。下面的内容是基于Processing.org网站上的“开始应用Processing”教程，根据卡西·瑞斯和本·弗莱编写的*Make: Getting Started with Processing*一书修改而成的，以下代码是从上述教程修改而来。网站上有很多介绍新手编程的优秀教程。在开放社区中，虽然代码通常可以免费使用，但非常重要的是要注明所用的源代码，并清楚地标识何时使用过别人的代码或从别人的代码中获得过帮助。

```
void setup() {
size(480, 320);
}
void draw() {
 if (mousePressed) {
  fill(0);
 } else {
  fill(255);
 }
rect(mouseX, mouseY, 60, 60);
}
```

步骤5（图6.9）：点击“运行”按钮并查看结果，用户将看到一个白色的正方形出现在一块480×320像素的“画布”上。方块跟随鼠标移动，当点击鼠标并按住按钮时，方块就会变成黑色。当松开鼠标时，方块变回到白色。方块不停地重复绘制，并在移动时留下可见的痕迹。

步骤6：代码运行后，用户可以更改代码的参数，以查看画面发生的变化。例如，通过调整第二行代码将绘图窗口的大小从480×320更改为480×480，只需将值从320更改为480即可，如下所示：

```
void setup() {
size(480, 480);
}
void draw() {
 if (mousePressed) {
  fill(0);
 } else {
  fill(255);
 }
rect(mouseX, mouseY, 60, 60);
}
```

步骤7（图6.10）：点击“运行”按钮并查看结果，可以看到窗口的尺寸已经更改为代码中设置的像素大小。用户已经成功地更改了代码，并且看到了结果。继续试验代码，直到对生成的视觉图像素材满意为止。如果需要更大尺寸的艺术品，请继续放大窗口。

现在让我们逐行查看代码，看看在程序运行时发生了什么。代码中有两个主要部分被设置为两个单独的函数：void setup()和void draw()。“void setup()”函数执行后面括号“{}”中的任何内容。在本例中，“size(480，480)”是指显示窗口的尺寸（以像素为单位），括号中第1个值表示窗口的宽度，第2个值表示窗口的高度。函数“void

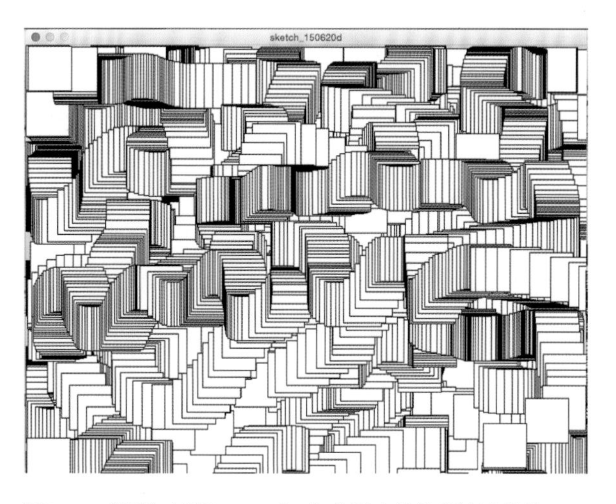

图6.9　“开始应用Processing”教程中的代码输出结果

图6.10　编辑代码的运行结果——修改窗口的大小

draw()”是指程序执行的主要区域。程序循环运行“void draw()”后面括号“{}”中的内容。

本例中，首先执行条件语句“if(mousePressed)”，它主要查找连接到计算机（或笔记本电脑触控板）上的鼠标是否被按下。“fill()”函数确定形状的填充颜色，在绘制形状之前应先确定颜色。原始网页颜色用0到255之间的数字表示。当鼠标被按下时，fill（填充值）设置为0，即黑色。当鼠标未被按下时，填充值设置为255，即白色。然后调用rect()函数，绘制矩形。rect()函数有几个参数，分别用于设置x位置、y位置、宽度和高度。在示例代码中，方块的位置与鼠标位置（mouseX和mouseY）一致，方块的颜色则取决于是否按下鼠标。关于Processing中可用的许多函数的进一步说明可以在网站（Processing.org）的“Reference”中找到，还能找到正确的语法格式（如何格式化代码以获得您想要的结果）。

步骤8（图6.11）：打印设计好的图案，并将其应用到时装设计草图上。在本例中，将设计开发的艺术图案应用到已经绘制好的款式效果图上。以不同的方式对图案进行拼贴，开始为时装系列进行概念拓展。试着用胶水拼贴纸片，或者用打褶或其他方式折叠纸片以构造三维造型效果。调整图案的比例，以获得不同的效果。应用图案后，还可以添加颜色或其他纹理及材料，开发服装和配饰。

当设计师开始尝试自己编程时，需要找到一个强大的实践社区，提供教程、论坛、代码示例和代码库等。Processing网站应当是设计师研究和实验的第一步。在浏览网站的“教程”部分并学习使用Processing的基础知识之后，应该浏览“示例”部分并查看现有的项目。示例按照形式、数据、图像、颜色、排版等进行分类，设计师可以在网站上找到很多极具视觉冲击力的项目，从中获得灵感。

请记住，这是一款开源软件，任何人可以出于任何目的研究、更改和传播源代码。已发布的项目中包含着关于创建该项目的开发人员的联系信息，以及如何恰当地对他们的工作表示赞赏的信息。复制和重复使用他人编写的代码是可以接受的，前提是正确识别代码的归属。为公开发布而编写的代码通常在代码的开头有一个所谓的“标题”，用来解释原作者希望以何种方式作为分享代码的回报。使用者必须遵守这些规定，作为交换，作者通常非常乐意让别人复制和传播源代码。

寻找非正式的编程研讨会和课程，无论时间长短、无论什么专业领域都可以。参加这些课程的学习机会对于遇到志趣相投的潜在合作者和增加自己在该领域的知识是非常宝贵的，它能帮助设计师找到将编程思维应用于项目的新方法，无论是精通编程的设计师，还是那些仅仅希望获得足够的理解以便在概念上跟上协作团队成员的设计师。

图6.11　应用processing的输出结果进行服装设计的时装设计草图

案例分析

Fashion Fianchettos工作室

奥托·冯·布希是一名训练有素的时装设计师，擅长交互设计。在Fashion Fianchettos工作室，冯·布希开发了一个覆盖代数拓扑的系统。

侧翼出动（fianchetto）是国际象棋中的一种移动战术，在“超现代”国际象棋中尤其流行，其目的是利用兵扫清道路，以便象沿着对角线向棋盘中心移动。这种类型的举动对于重新思考时尚在整个时尚生态学中的传播方式是一个富有成效的隐喻。

工作室为参与者提供了一些安全别针和一件超大号T恤，设想通过编码立体裁剪技术把时尚转存到软件里（图6.12）。这种方法将时装设计过程看作一组数学规则或代码，通过简单地修改这些规则或代码，服装就能被“重新编程”。工作室根据这种设想创建了一个平台，将T恤衫作为基本“硬件”，标记方法作为“软件”的基础，编程语言被命名为Fashing，它使用预定义命令，指向T恤上的坐标。

下面是一些命令示例（双斜杠//后面是命令描述）：

- garment//表示服装的状态或类型
- grid(x/y)//表示网格坐标的尺寸（如果不是标准网格）
- wear(x)//表示怎么穿衣服（如前后调转等）
- invert//表示由内向外翻转服装或某个部位
- connect(xy, xy)//表示函数，连接坐标
- switch(x)//表示把服装或某个部位转过来
- foldDouble(xy, xy)//表示折叠并用别针别合固定所有层
- stretch(xy, xy)//表示在指定坐标间拉伸织物
- repeat//表示重复命令（例如做多个褶）

在工作室中，参与者将立体裁剪（一种循序渐进、精确设计造型的方法）与T恤上的坐标系

图6.12　Fashion Fianchettos工作室的参与者使用安全别针别合超大号T恤，重新思考服装结构的“代码”

图6.13　超大号T恤上的网格被用作坐标，可根据编写的代码重新设计服装造型

统结合起来。由参与者编写并执行的命令决定了应通过安全别针在衣服上连接哪些坐标，就这样几个点被连接起来，服装的造型和外观变了，T恤在毫无损伤的情况下获得了新的造型。每一步都可以撤消或重做，使服装“复位”到基本形状，因此对服装造型可以进行无限次的更新（图6.13）。

以下展示了一个Fashing程序的示例，它使用计算机代码的结构来描述参与者应如何精确地重新配置这个“硬件”——超大号T恤。开始时是一列示例命令，很像编程语言的“语言引用”，代码指定系统中的坐标应该如何连接。你将看到基本的代码指令（“正常穿着”的方向）如何应用于物理对象（T恤），而这些指令是通过编程的方式顺次序执行的（图6.14）。

```
/*
* Example program: Code 1
*/
garment=(t-shirt); // this is a t-shirt program
wear(normal); // wear the shirt as you would normally
connectFront(g3,h3);(d5,b5);(g9,e9);(d3,a3); // connect these coordinates on front
connectBack(d5,c5);(b3,a5);(b8,a5); // connect these coordinates on back
/*
* machine code (SMS-Tweet) of Code 1
*/
g=t-s,w=n;
cF(g3,h3/d5,b5/g9,e9/d3,a3);cB(d5,c5/b3,a5/b8,a5)
```

布希用这个有趣的模型展示了如何通过Fashing编程语言的描述，将修改服装的记号译成编码。这是一个将编程概念应用于时尚的绝佳例子。尽管示例的编程不是在计算机上完成，而是由参与者手工执行的，但整个过程的逻辑遵循编程规则，参与者必须理解代码的意思，才能按照给定条件完成动作。这个例子表明，服装设计的替代方法的可行性极高，这些方法完全可以应用于传统的操作方式，还可以通过数字手段和社交媒体进行传播。

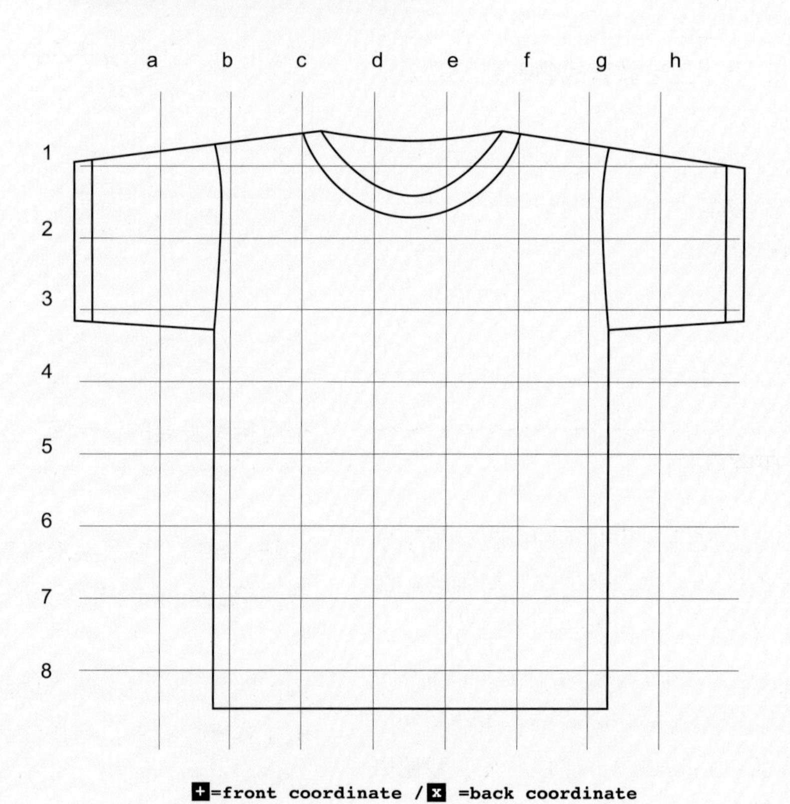

图6.14　工作室提供的表格能帮助参与者在T恤上建立可视化坐标

访谈1

奥托·冯·布希

奥托·冯·布希是一位瑞典时尚艺术家、理论家、设计师、工匠和高级定制界的怪才，也是一个DIY践行者。他渴望通过打破操作系统的流程来释放时尚的神秘能量。冯·布希在其博士学位论文《时尚：黑客主义与时尚设计》（*Fashion-able: Hacktivism and Engaged Fashion Design*）中探讨了参与性实践如何能使时装既具有包容性，又具有排他性。为了实现这一点，他在实践项目中借鉴了黑客、同人小说、解放神学和开发实践中的实践经验和策略。

他在瑞典哥德堡大学（University of Gothenburg）的设计与工艺学院做研究时，专注于设计、时尚和工艺领域的“黑客分子”实践活动，研究此类实践如何让用户打破所谓的消费主义的“互动性”。

他是瑞典国家工艺品委员会委员，参与手工艺教育事业的复兴，是手工艺教育战略研究所的创始成员之一。他的专业背景并不是服装设计师，但他在服装设计、缝纫和工艺技术方面有着丰富的经验，因此他将时装哲学与时装技艺结合在一起，形成了独特的观点。

作者：您是一个工匠、研究学者和活动家。2008年在哥德堡大学设计与工艺学院，您完成了博士学位论文《时尚：黑客主义与时尚设计》，您是怎么想到这个研究点的？

奥托：我的硕士论文是关于时装理论的，除了学习材料和交互设计外，我还学习了服装制版和缝纫。那是个交互设计和工业设计相结合的项目，所以我逐渐将新媒体和黑客技术的想法与时装设计结合起来。如果把时尚想象成一个操作系统，那么这个操作系统的新媒体方法是什么？我感兴趣的是时尚体系和物质生产的时尚逻辑与神秘的服装制造相融合的状态。设计师如何使用这两种“软件方法”？如何侵入这个系统？我有手工艺技术背景，而且对这样的黑客行动很感兴趣。进入过程，操纵或破解系统，就像在工艺制作中操纵材料，而不是从头到尾地设计它们。

作者：您认为自己是时装设计师，还是恰巧在时尚领域工作的黑客和颠覆者？

奥托：当你有一个综合的背景时，总是显得难以捉摸。如果不在时尚体系中，你是时装设计师吗？如果没有在画廊展出作品，你是艺术家吗？我觉得自己绝对是一个时装设计师，但我所做的更多的是重新设计时装设计师如何应用时尚体系开展工作。我不是一个制作服装挂在商店衣架上售卖的设计师，我试着重新设计或想象，以另类的工作方式成为一名设计师，我所做的事情与时尚体系相关。

作者：您几年前就开始研究这种方法了，但是好像设计领域的其他人在几年之后才刚刚跟上您的想法。

奥托：在我取得进展的时候，这种方法对我来说很有意义，现在这对更多的人来说很有意义。

作者：在可持续发展成为趋势之前，您就已经把回收利用作为一种设计理念了。您认为自己是一个可持续发展的设计师，还是这种“拯救废弃衣服”的愿望植根于不同的哲学？

奥托：是的，我从来没有真正强调过可持续性。我更强调社会的可持续性。可持续性问题有很多，特别是当我十年前开始做这个项目的时候，当时的可持续性问题与材料（有机棉花）、工厂的工作条件有关。但是我觉得工作的一个重要部分就是问自己获得了什么技能，这些技能如何改变我们的社会关系，如何应用我们的情感和技能去工作，而不是关注物料和服装加工本身。这更多的是关于我们如何造就一个可持续的用户、可持续的消费者，而不仅是可持续的生产，可持续生产一直以来是人们主要谈论的可持续发展。可持续生产当然很重要，但我更关注人们的可持续实践，而不是可持续生产。我一直将技能和工艺干预视为我可以工作的领域，如今可持续发展的概念正朝着这个方向发展。

作者：您的思想和观念有没有受到过阻力?

奥托：主要的阻力来自设计师本身。他们会问："这些业余爱好者在做什么?为什么我的设计技能不被认可？为什么人们不愿意为我的专业技能买单？为什么人们不买我设计的衣服？"我想，当你对服装制造过程了解得越多，你就越懂得欣赏工艺和设计师服装。我的经验越丰富，技艺越娴熟，就越欣赏专业人士的手艺。

作者：大家都觉得您是一名黑客和危险分子，您在时尚界的大部分工作就是质疑时尚体系。您是如何从这样的角色转变为时尚相关课程教学者的？您是如何适应由传统时尚设计驱动的教育体系的?

奥托：我基本被贴上了"另类"的标签，我的大部分教学内容的价值观都很另类，但仍然与制作服装息息相关。我讲授服装的作用以及如何让它与众不同，这是从广义上去理解服装在时代和社会活动中的意义。我不想教时装设计师如何成为顾问，我希望他们成为更有价值的人，懂得欣赏自己的技能，能够从更广泛的意义上应用其他领域知识思考服装制造。

作者：您是否认为您的学生需要达到一定的工艺技能水平才能从事黑客活动，或者甚至是去上您的课?

奥托：没有技能的学生有时反而思维开阔。因为他们不了解整个生产制作过程，所以他们更有创造力。主要的问题是现在的社会上时装设计师趋于饱和，时尚无处不在：电视上、日常出版物和新闻媒体上都能看见。时尚成为如此普遍的现象，所以学生已经被灌输了什么是时尚的概念，而这就是很棘手的问题。时尚不一定就是你在商场里看到的服装，还有很多其他类型的时尚。向学生讲授时尚不一定是光鲜奢华的，这往往是最难的部分。想要有所挑战的设计师凤毛麟角，大多数人不会挑战时尚体系，而整个体系是不可持续的，它建立在不可持续的社会和环境基础上。

作者：在2004/2005艺术家服装目录的前言中，您写到："时尚体系是一个由各教派和解释论学院派严密守护的形而上学系统。这些都被为数不多的由专业神秘主义者和诠释者构成的精英们统治和守护着，这个由红衣主教和牧师组成的领导小组，遵循更高理想的指示和规则。"如今过去了将近十年，时装系列已经通过网络呈现给全球观众，时尚博主紧挨着精英杂志编辑坐在发布会现场的前排，您觉得时尚体系最终是开放了，还是仍然由少数精英统治着?

奥托：开放的体系是一种幻觉。有一些博主已经拥有了大量的追随者并因此而出名，但是谁在邀请他们呢？邀请他们的人仍然大权在握！这个进程是不对称的，一旦某个著名的博主失去了粉丝，就不会再受到邀请了。这种民主化在一定程度上是一种幻觉。他们中很少有人深谙时尚和设计的工艺技巧，也没有接受过相关教育。我认为这种民主化实际上适得其反。如果浏览一下街拍网站LookBook，会发现那里有那么多不同的造型，但最受欢迎的还是那些每天更新造型的用户，他们要么很有钱，要么与商店和设计师有合作。这个网站把用户个人打造成了小型杂志。因此，并不是每个人都能被找到的，能被找到的是那些在媒体方面投资的人，而不是投资塑造角色的用户。网站造就了网红人物，从而融入到资本主义传统时尚体系中。

作者：在您的工作室（Fashion Fianchettos）中，参与者们运用立裁操作技巧和时尚函数探索如何将时尚变成一组数学函数，如何用少量编码实现新造型，这些代码甚至可以作为密码在时尚达人之间传递。您是否认为传统时装设计过程的任何一部分都可以变成一套数学规则？这些规则对创意的过程有什么帮助？

奥托：本工作室所做的这个探索是出于对时尚与科技的失望，大家主要讨论的是将技术融入到服装中。我不同意这种认为时尚与科技只是LED和电线组合的观点。我觉得必定可以通过其他方式来看待服装之外的技术。服装不一定是智能服装，但它可以与科技建立智能关系。立体裁剪练习可以是编码过程中的创意练习。你可以写下设计服装造型的步骤或坐标，然后在推特和脸书上向他人公布代码，这样他们就能“编程”制作自己的服装了。用户可以穿上一件超大码的T恤，T恤上标有坐标，然后根据代码的指示执行操作，哪怕只是用安全别针加以固定，就可以设计出新颖的服装款式。我们家里都有这个“硬件”——T恤，现在我们可以接收“软件”，而且这些软件很容易遵循，任何人都能操作。

在这个工作室，我真正想推动的是科技社会体系与非智能服装之间的关系，以及一个看待服装之外的科技的机会。让我感兴趣的是通过科技体系增强和放大服装的功能。这种衣服并未投入批量生产，也不包含智能纤维，你甚至可以说这种衣服很愚蠢，但它与社交媒体有着巧妙的联系，这正是吸引我的地方！对我来说，这是时尚与科技的延伸。这种服装影响了用户以及全球化体系。我希望我们能更明智地对待人与服装的关系，而不是只关注装有传感器的服装。

对我来说，那些装有传感器测量心跳和温度的时尚与科技相结合的服装都存在问题。这些服装确实有一定市场，但也暴露了互联网最糟糕的一面。它带来了监视、控制等。这真的是我们想要的吗？我买衣服是要变换造型。对我来说，时尚有着更高的神秘目的，它是有魔力的。我真的感到很挫败。我们如何提高我们的思维水平？时尚的魔力是什么？我们如何用科技实现这种魔力？

作者：在您的论文《禅宗与抽象的编织机器》（*Zen and the Abstract Machine of Knitting*）中，您将编织和协议相提并论，认为即使协议对软件来说有日常意义，它们却无处不在。您是否满意于自己对入侵编织机器的破坏性需求？还是说这是一种新媒体与创作过程相结合的哲学，所有设计师都应予以关注？

奥托：这更像是一种哲学。我愿意把这些看成是微观技术——编织一个线圈再循环往复。我对机器不感兴趣，而是关注我们可以从机器那里学到什么基本技术。我们何以能够真正重新思考如何应用这些微观技术，不是指用这些技术重新编织廓形，而是指如何让这些微观技术与其他微观技术连接起来。协议是怎么形成突发行为，而这些行为又连接到其他事物。它开始变异成其他事物，然后就会产生完全不同的事物。

这就是回归社交媒体和立裁服装的有趣之处。那件T恤和我们为其编写的代码可以连接到更大的系统，只是转变和变异成一些新的、不同的事物。那些微观行为或协议并不是专注于衣服的形状，而是真的可以塑造那件T恤，并开启一个全新的世界，思考和应用时尚与科技。

时装设计师的思考范围极其有限，他们的思维局限于人体，考虑的是缝份要往哪里移。如果我们应用这些协议，稍微改变一下我们联系实践的方式，就会产生完全不同的事物，这就是关于这个想法我想阐明的内容。

作者：人们谈及“时尚与科技”，这对您来说意味着什么？

奥托：不幸的是，这种将智能电路集成到服装上的单一的思维方式往往让我心生失望，尽管我对此也是支持的，因为有真正聪明的人在这个领域工作。但人们往往会陷入对这种电子服装的盲目崇拜中无法自拔，而我希望开阔视野。当人们说到“时尚与科技”时，我也希望人们可以从更广泛的意义来思考编程。服装被设定了特定的行为和礼仪，我在想该如何重新设定这种礼仪、服装的用途以及人与服装价值体系之间的关系。我想，如果把服装的智能和服装本身与其他社会项目联系起来，那将会变得真正有趣了。

访谈2

凯特·瑞斯

凯特·瑞斯是一位经验丰富的时装设计师，她是1/1工作室的创始人。这是一家独立设计工作室，致力于将时尚和艺术融合于独一无二的服装中，在洛杉矶接受定制。每件有署名和编号的作品都是由凯特·瑞斯和一位工作室委任的艺术家合作完成的。凯特经常和她的丈夫卡西·瑞斯合作，卡西编写软件，探索通过条件系统创造艺术。他编写的软件成为核心媒介，在视觉体验的各个领域得到诠释，包括印刷品、物体、装置和表演。图6.15展示了两人的一个合作案例。

作者：您的教育背景是什么？您是如何涉足可穿戴技术与时尚领域的？

凯特：我学习服装设计专业，有服装设计学位，并在时装行业工作了多年，是一名运动装设计师。我开始对代码和时尚感兴趣是因为我丈夫卡西·瑞斯的工作。他是一位多媒体艺术家，应用软件来创作动态和演变的图像。我想要通过将他的图像应用到服装上来捕获这种动感，同时让穿着这些服装的人将这种活力带回生活中去。我与卡西的合作从2007年就开始了，合作的作品和我之前做的商业设计完全不同。我之前的作品一般是基于流行趋势预测并把这些趋势应用到某公司的服装品牌上，我和卡西合作完成的作品则是以他创作的图像作为我的主要灵感来源，这些图像影响了服装的色彩、工艺、结构以及廓形。

作者：您的设计过程是怎样的？您如何发展自己的想法？

凯特：我的设计过程从卡西创作的图像开始，根据这些图像建立一个概念。对我来说，重要的是拓展这些线条背后的核心思想，并且让设计融入这些参数。我通过勾画草图、开发面料和制作手工小样来发展自己的想法，尝试各种工艺，如绣花、钉珠和裁切等。我对于应用表面处理的方法设计面料肌理和维度非常感兴趣。我喜欢把实际的图像放大或缩小后创作款式设计草图，或者应用Adobe Illustrator和Photoshop等图像处理软件来创作款式设计草图。要是有图像的创作原文件就太有帮助了，这样就可以确定图像的缩放比例以及其在服装上的位置。

作者：很多时装设计师对计算和交互技术表示不满。您目前在设计中使用的技术有哪些局限性？您希望看到哪些改变？

凯特：在我的工作中，所有的限制都与使用的专用设备和小规模生产的成本有关。我用当地供应商来制作数码印花、刺绣和样品，但是因为这些都是要定制的，而我的产量非常低，所以制作服装的成本特别高。

作者：您主要做单件服装，不进行可供商业零售的大规模生产。使用软件和编程设计是否能够支持您的生产模式？又是如何实现的呢？

凯特：制作独一无二完全不重样的服装是工作室的核心。每一件作品都是我和卡西合作完成的，作品上有我们的签名和编号。衣服表面或里面的静态图像截取自卡西通过编程和软件创建的动态图像。我感兴趣的是在设计服装时在形式和质地方面直接回应他的艺术创作。

作者：告诉我们您现在的工作情况吧。您在应用哪些新技术、新方法或新工艺？它们是如何影响您的项目的？

凯特：我目前的工作重点是深入研究如何把卡西的艺术作品和编程图像诠释在面料或可穿戴服装上。我的第一个作品是数码打印了他设计的图案，我仍然相信这个图案在印花效果方面有无尽的可能性。然而，我对于通过对织物进行表面处理获得的肌理和维度以及如何用各种不同的方法来诠释图像进行创作也都很感兴趣。

作者：您对于即将跨入时尚与科技领域的设计师们有什么建议？他们面临的机遇和挑战是什么？

凯特：现在的机遇是，时尚与科技的交汇空间仍相对比较新颖且开放，还有成长、定义和创新的空间。市场上有很多服装，创造出真正原创或有创意的东西才是令人兴奋的。挑战在于创造出一些可以持续研究和创造的东西。你的想法和产品是否能投入生产和销售，能否循环促进创造新的想法和产品？

图6.15 卡西·瑞斯的Yes No图案（a）探索了Yes No指令的不同表达方式，从Commodore 64电脑的模拟显示信号，到同一平台的模拟机，再到为现代电脑编写的新的表达方式。（b）（c）是凯特·瑞斯应用这些艺术图案作为织物的印花图案设计的两套服装

内容回顾

1. 如何定义编码？
2. 谁被认为是第一个程序员？为什么？
3. 什么是开发环境？
4. 将编程引入到服装和饰品设计的方法有哪些？
5. 杰西卡·罗森克兰兹和杰西·路易斯-罗森伯格发明的运动学系统如何生成灵活的结构？
6. 编程语言的三个通用特点是什么？
7. 什么是条件结构？
8. 如何定义循环结构？
9. 谁发明了Processing语言？

讨论

1. 如何在设计过程中使用指令集？
2. 运动学系统可以整合到什么样的设计中？

延伸阅读书籍推荐

Bohnacker, Hartmut, Benedikt Gross, Julia Laub, and Claudius Lazzeroni. *Generative Design: Visualize, Program, and Create with Processing*. New York: Princeton Architectural, 2012.

Maeda, John, and Red Burns. *Creative Code*. Paris: Thames & Hudson, 2004.

Reas, Casey, and Ben Fry. *Processing: A Programming Handbook for Visual Designers and Artists*. Cambridge, MA: MIT, 2007.

Reas, Casey, Chandler McWilliams, and Jeroen Barendse. *Form Code in Design, Art, and Architecture*. New York: Princeton Architectural, 2010.

Shiffman, Daniel. *Learning Processing: A Beginners Guide to Programming Images, Animation, and Interaction*. Amsterdam: Morgan Kaufmann, Elsevier, 2009.

词　汇　表

交流电（AC）和直流电（DC）：交流电的电流方向是周期性变化的，直流电的电流大小和方向是恒定不变的。

加法制造（additive fabrication）：通过逐步添加少量材料直到物体创建成型的制造过程。

加法制造工艺（additive manufacturing，AM）：通过逐层堆积材料直到物体创建成型的制造方法和过程。

阳级（anode）：电池中的负极端。

博尔格斯（borgs）：可穿戴技术的先驱者们，主要是计算机科学领域的学者们。对他们来说，拥有一台可随身携带的移动计算机，远胜于社会大众对其外观的诋毁。

漏洞（bug）：程序员用于指代程序错误的术语。

阴极（cathode）：电池中的正极端。

Cinder：一个强大的工具箱，用于编写音频、视频、图形、图像处理和计算几何方面的程序。

电路（circuit）：完整、闭合的通路，或无止尽的回路，电流可以在其中不间断地流动。

数控机床（CNC router）：由电脑控制的机器，可切割各种硬质或软质材料，如木材、复合材料、铝、钢、塑料、泡沫、布料、皮革及其他材料。

代码（code）：由一系列规则构成的系统，它能够把信息转换为另一种形式或表达方式，以便通过某种渠道进行通信或存储在介质中。

条件结构（conditional structures）：根据程序员指定的条件是真还是假来执行不同操作的编程语言特性，也称为条件语句。

导电织物（conductive fabrics）：织物组织结构不同于普通织物、可承载电流的梭织物或针织物。

导电粘扣带（conductive loop fastener）：用导电材料制成的粘扣带。

导电材料（conductive materials）：能够导电的材料，例如导电织物、导电缝纫线、导电颜料和导电胶带。

导电颜料（conductive paints）：含有铜、碳或银的化合物，可以涂画在织物上，可以导电。

导电胶带（conductive tape）：通常由铜或铝制成，这种胶带可以像电线一样承载电流，有各种宽度的规格。

导电缝纫线（conductive thread）：能够像电线一样承载电流的缝纫线，可由电镀银丝或不锈钢丝加捻纺成。

导电羊毛（conductive wool）：由极细导电钢丝与天然羊毛或聚酯纤维混纺而成，可以导电。

导体（conductor）：允许电荷朝一个或多个方向流动的物体、材料或织物。

连通模式（continuity mode）：万用表的一种模式，用于测试两点之间的电阻，确定两点间的电路是否连通。如果电路连通，万用表会发出声音。此测试可以判定两点之间连接是否正确。

创意编码（creative coding）：一种正在发展壮大的实践活动和社区，艺术家和设计师们可以在这里通过编程来创造富有表现力的作品。

电流（current）：通过某个特定点的电量，用安培（A）或者毫安（mA）表示。

开发环境（development environment）：用于开发、测试和调试应用软件或程序的规程与工具的集合。

数字化制造（digital fabrication）：由计算机控制机器进行加工的制造过程。

二极管模式（diode mode）：二极管是仅允许电流朝一个方向流动的电子元件。此测试可判定LED的连接方向是否正确。通常用于测试软电路中没有标记或者无法看到"+""−"符号的LED的连接方向是否正确。

DIY：通常是"Do It Yourself"的缩写。意为在没有专家或专业人员的帮助下，自己动手制作、改造或修复事物的方法。

电阻（electrical resistance）：电流通过导体时遇到的阻力。

电流（electric current）：电荷的流动，从高电势（标着电源"Power"或正极"+"）流向低电势（标着接地"Ground"或负极"−"）。

电子纺织品工具包（e-textile toolkit）：包含创建简单软电路所需的所有元件和织物的专用套件。

挤压加工（extrusion）：物料在压力作用下推挤通过具有所需截面形状的模具而获得恒定截面型材的工艺。本书所述的3D打印技术是指熔融挤压成型打印技术，原材料熔融后依据输入的设计文件堆积形成连续的立体模型。

预制工具包（fabricated kits）：此类工具包包含的工具要比初学者工具包少，通常只包括为完成某个特定项目所需的元件。

定值电阻器（fixed resistor）：按预定值接入电路中，其电阻值不会发生改变。

柔性电路（flexible circuit）：将大量导体排列嵌入到介电薄膜上形成的电路。

赫兹（Hz）：频率的测量单位，以海因里希·鲁道夫·赫兹的名字命名。赫兹是第一个最终证明电磁波存在的人。

水变色涂料（hydrochromic inks）：与水接触则发生反应的涂料，通常是透明或隐形的，风干后遇水则变成鲜艳的颜色。

激光切割（laser cutting）：使用激光进行减法数字化制造过程。

发光二极管（LED）：一种特殊类型的二极管，当电流通过时它就会发光。

循环结构（looping structure）：重复执行系列步骤的过程，直到某个条件为真，或只要某个条件保持为真。

交互开关（maintained switch）：始终保持原状，直到它被驱动到新的状态。

创客社区（Maker community）：由世界各地的DIY爱好者或积极参与创客运动的人群组成。

创客运动（Maker movement）：一种当代文化或亚文化，是一种以科技为基础延伸出来的DIY文化。创客文化的典型特点包括对工程技术（如电子学、机器人学、3D打印）的追捧和CNC工具的应用，以及一些传统活动，如金属制品、木器和传统手工艺品制造。

创客空间（Makerspace）：实体社区空间，那些自我认定为创客的人们可以聚在一起分享资源，如数字化制造工具、电子设备和知识等，达成相互合作。

微控制器（microcontroller）：包含处理器内核、存储器和可编程输入/输出外设的单个集成电路（IC）小型计算机（赛义德·里兹维在《微控制器编程》中的定义）。

瞬时开关（momentary switch）：只有在被激活时才能保持特定状态，一旦释放后又回到初始状态。

欧姆（Ω）：电阻的国际单位。

OpenFrameworks：OpenFrameworks v0.01是由札却立·里伯曼（Zachary Lieberman）在2005年8月3日发布的为创意编码而设计的开源工具包。

光变色材料（photochromic materials）：随着光照强度或亮度的变化而变色。常态下这种材料是无色或半透明的，遇到特定光源即可变色。

光电导管（photoresistor）：由光控制的可变电阻器，也被称为光敏电阻器（简称LDR）、硫化镉电池（CdS，用硫酸镉制成）或光电池。

电位计（potentiometer）：一种可变电阻器，由两三个接线端子和一个滑片或其他可移动的接触元件（称为拨动杆）构成，可以调节电压。

Processing：为了将其用作软件随写本，以及实现在视觉环境中教授计算机编程基础而发明的程序。它是一种编程语言、开发环境和在线社区。

反应材料（reactive material）：对紫外光、温度变化、与水接触以及其他外部触发因素有反应的材料。

电阻器（resistor）：一种电子元件，在电路中增加电阻、减小电流。

烧结加工（sintering）：将材料加热到液化点但尚未熔化，并按照预先设计的3D模型在空间堆积成固体的压缩塑型过程。

表面贴装器件（SMD，surface-mount device）：所有可以直接安装或放置在印刷电路板表面的电子元件。

初学者工具包（starter kits）：通用型初学者工具包包括电子元件（电阻器、发光二极管、按钮、电位计）、电路试验板、跨接线、电池座、USB连接线和微控制器开发板（Arduino）。

减法制造（subtractive fabrication）：用机器对块状或片状材料进行雕刻或切割的制造过程。

开关（switch）：一种电子元件，能引起电路物理中断，从而阻止电流的流动。

热变色涂料（thermochromic inks）：由于温度变化而变色的颜料或染料。

紫外线变色缝纫线（UV color changing threads）：对紫外线有反应，可从无色变为鲜艳、明亮的颜色，也可以从一种颜色变为另一种颜色。

**紫外线反应涂料（UV reactive paint and

inks）：当其暴露于紫外线或阳光下时会发生变化的材料。

可变电阻器（variable resistor）：电阻值会受到外界影响而发生改变，进而改变电流大小。

电压（voltage）：两点之间的电势差，用伏特（V）表示。

瓦特（watt）：功率的单位，是以苏格兰发明家詹姆斯·瓦特的名字命名的。瓦特在18世纪晚期改进了蒸汽机，推动了工业革命。

可穿戴设备（wearables）：布兰德利·罗兹在他的网文《可穿戴计算机技术简史》中提到，眼镜和腕表经常被引用为可穿戴计算技术应用历史上出现的初代产品。